厄除川崎大師
1B
275

下巻のはじめに

戦後の復興と高度経済成長期を迎え、技術革新も目を見張るものがあり、高性能車輌の台頭する中でも持ち前の性能とそのまとまった車輌数で本線運用での活躍を続けていた230形など小型車一族だが、輸送力増強と直通運転に向け列車運行の主力として高性能車の増備が続き、在来の空気制動・吊掛け駆動車に代わりつつあった。特に輸送力で劣る小型車は車齢も高く、戦後に諸設備の改造が行われてはいたものの、老朽化や列車の長編成化も進む中、遅くなった本格的な更新工事を受ける時期に差し掛かっていた。

昭和30年代も後半になると都営地下鉄１号線（後に浅草線と命名）との相互直通運転の実現が近づき、その実施にあたり車輌にも１号線直通規格が制定され、連結器の交換や取付け高さの変更などの工事が現実のものとなった。230形などの小型車はもちろん直通運転には直接関わらないが、全車対応として改造工事を行うことになった。大型吊掛け駆動車については昭和30年代半までに車輌近代化工事として２輌固定編成化による貫通路の新設、室内灯の蛍光灯化、放送設備などとともに連結器交換の準備工事が始められ、連

結器と取付け高さを変更するため車端部の台枠改造が始められることになった。

下巻では輸送力増強による本線用大型車の大量導入により、やがて支線運用に狭められ晩年を迎えるまでの活躍を記すことにする。

230形更新車輛が勢揃いした新町検車区川崎班。左からデハ284、デハ247、クハ298、デハ282。　1965.3　京浜川崎　P：吉村光夫

クハ359号を改番したクハ290号。未更新だが塗装は赤に白帯に変更され、更新済のデハ230形と連結している。
1964.12.11　京浜蒲田　P：柴橋達夫

1. 車輌の再編成

1）小型車の改番

大型車のデハ300形・デハ400形・デハ420形の２輌貫通編成化に続き、小型車のデハ230形・デハ290形・クハ350形についても将来の運用を見据えた車輌近代化と呼ばれる車輌更新工事が1962（昭和37）年度後期から開始された。この更新工事の最中にデハ230形は戦災による被災車輌の欠番を埋める改番が1963（昭和38）年10月２日に実施された。その変更は元京浜デ71形・京浜デ83形・湘南デ26形グループの番号体系を崩さぬように配慮がなされている。つまり戦災車である京浜デ71形の80号（被災時5265号）、京浜デ83形のラストナンバー94号（同5279号）、湘南26形の28号（同5282号）の３輌は全滅した元京浜101形（被災時5170形）とともにクハ5350形として復旧されたため、デハ230形は231～285号のうち265・279・282号が欠番となっていた。そこで元京浜71形グループの欠番265号を埋めるべくラストナンバーの267号を265号に変更、新たに欠番となった268号は元京浜デ83形の現存するラストナンバー278号を267号に改めることとした。元湘南デ26形では逆にトップナンバーの280号を戦災欠番の282号に変更したため281～285号となった。したがってデハ230形は新たに278号から280号までが欠番となったほか、間近に迫っているクハ140形の廃車にともない281号以下を更新工事施工後電装解除して制御車とし、クハ350形のうち電装したデハ290形（291～294号）もそのままの車号で電装解除を行い制御車化する計画とした。

こうして280番代以降にデハ281～285号とクハ291～294号が生まれた。そこにクハ350形（355～361号）を改番して280番代の隙間を埋めるように355～359号までは285号以降の追番で286～290号と隙間を埋め、あふれた360・361号をデハ290形の291～296号を飛び越して297・298号に改番して、小型車はデハ230形231～277号と２扉車と３扉車の混在するクハ280形281～298号として200番代に整理するものであった。

2）230形の更新工事

製造後30年を経たデハ230形をはじめデハ290形、クハ350形など小型車の車輌近代化工事と呼ぶ更新工事が1962（昭和37）年度後期から施工されることになった。同時に１号線直通運転を控えた改造工事も併設されることになり、工事は東急車輛製造に入場して施工された。

まず1962（昭和37）年度はモデル車としての施工で、相互乗り入れに伴うATSや誘導無線装置の新設をはじめ、車掌が戸閉扱いや新設した放送設備を操作

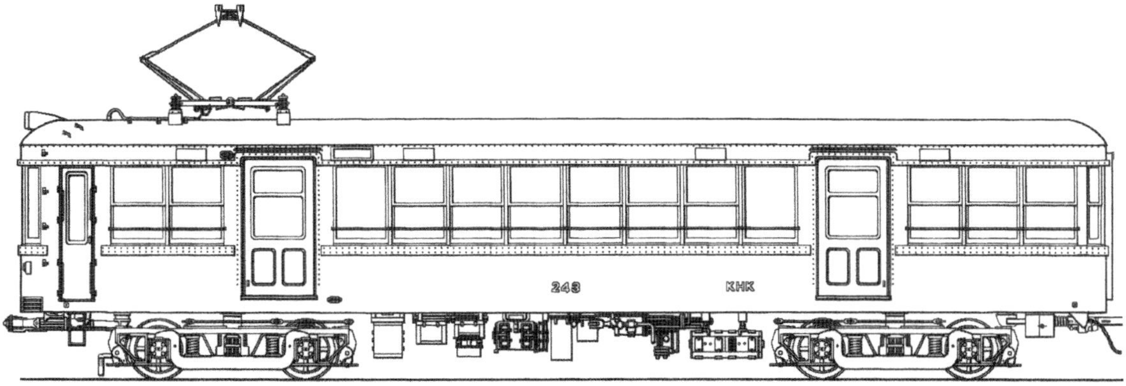

デハ230形 車輌更新モデル車 243号

1962(昭和37)年度後期施工車。雨樋や縦樋は当初取付けられなかったが、その後取付けられて標準施工車と同様の外観になった。

作図：佐藤良介

することになるため、京急で最後に残った片隅式運転室を運転士と車掌のための乗務員室に変更することとなり、これまで車輌の両側にあった片隅式運転室を奇数車は浦賀方、偶数車は品川方を全室の乗務員室に改造して、２輌固定編成とした。運転室を取り払った側は客室を延長して座席を設け、車端部は幅700mm貫通路を設置してデハ400形・デハ420形と共通の１枚幌が取付けられ、連結面側のアンチクライマはすべて撤去された。

２扉車は乗務員室扉を車端寄りに移動、側窓を1つ増設して側面は運転妻から海山側ともd2D8D3の配置になった。乗務員室正面の３枚窓はすべて５mm強化磨きガラスによる１段のアルミサッシ固定窓となった。前照灯はシールドビームに、腰部の標識灯は高性能車に使用している埋込式のML25改に変更となった。

車体外板は経年による腐食もあり補修が行われてきたが、更新に当たり戸袋部や車体の裾部などは切取り補修が行われ、乗務員室扉を移動した周囲も含めリベットが姿を消した。

客室内の化粧板は木製のままで、白熱灯を直流100V20Wの蛍光灯18灯に変更。客室内スピーカー３個、乗務員室にインターホンを備えた放送装置を新設。40cm扇風機を客室に５個、乗務員室に20cm扇風機１個を取付けた。側窓と妻窓は木製窓枠からアルミサッシとして、上窓も上昇窓に改造、上下窓のガラス

東急車輌で更新工事施工中のデハ230形。　1962.12　東急車輌製造
P：吉村光夫

デハ230形更新のモデル車として最初に更新されたデハ243-244の2輌固定編成。雨どいや縦樋がなく、側引戸部のヘッダーの上に水切が取り付けられた。床下機器は台車を除きグレー塗装されていた。
1963.1.18　金沢検車区　P：福井紘一

寸法を同一に変更したため、鋼板プレスドアの窓桟と不揃いになった。また側窓開閉のレニテントポスト構造は取りやめた。窓ガラスは側・妻窓は3mmの半強化ガラス、側引戸をはじめ乗務員室側開き戸、仕切開き戸と窓・戸袋窓も内外とも5mm厚の強化ガラスに変更した。

231～257号に設けられていた側面幕板部の通風口が小型車全車に取付けられた一方、クハ350形などにあった運転妻幕板部の鎧戸タイプの通風口はすべて埋められ、これにより元形式による車体形態の差異は僅かとなった。クハ350形とこれを電装したデハ290A形は更新と同時にステンレス側引戸に交換されたが、そのほかの車輌は鋼板プレスドアのままであった。

最初に施工したモデル車の243-244号は雨樋や縦樋を取付けず、車体全周を巡る水切りと側引戸の上部のみであったが、1963（昭和38）年度上期施工車では雨樋や縦樋が取付けられたほか、側引戸の上部にもウインドヘッダーと雨樋の間に水切りが取付けられている。更新工事は1964（昭和39）年9月に全車終了したが、最終的には側引戸上の水切りは取付けられなくなった。

デハ290形やクハ350形の更新工事は後期の標準仕

様が決定した後施工されたので、デハ230形のような形態の差異は見られない。また初期施工の車輌も標準仕様に合わせて改造されていった。

集電装置は乗務員室側の屋上に設けられることになり、品川向きの先頭となる偶数車は浦賀方から品川方に移設された。鈎外しは手押しポンプ式から引き紐式に変更となった。屋上は歩み板が撤去され、通風器のない屋根はすっきりとした。

連結器は１号線直通運転規格により編成の先端となる運転妻側は、近い将来NCB-６形自動密着連結器に変更して取付け高さを715mm（デハ231 ～ 255号は

連結器の取付け高さを上げるため台枠端梁をハの字に広げる準備工事を行い、外板も切り取られたが連結器一斉交換まで塞がれていた。このためアンチクライマの中央部がバッサリと切り取られ、床下には7芯の放送用電気栓が新設された。

1963.1.18　金沢検車区　P：福井紘一

連結妻を結ぶ棒連結器。左：デハ243＋右：デハ244（海側）。

1963.1.18　金沢検車区　P：福井紘一

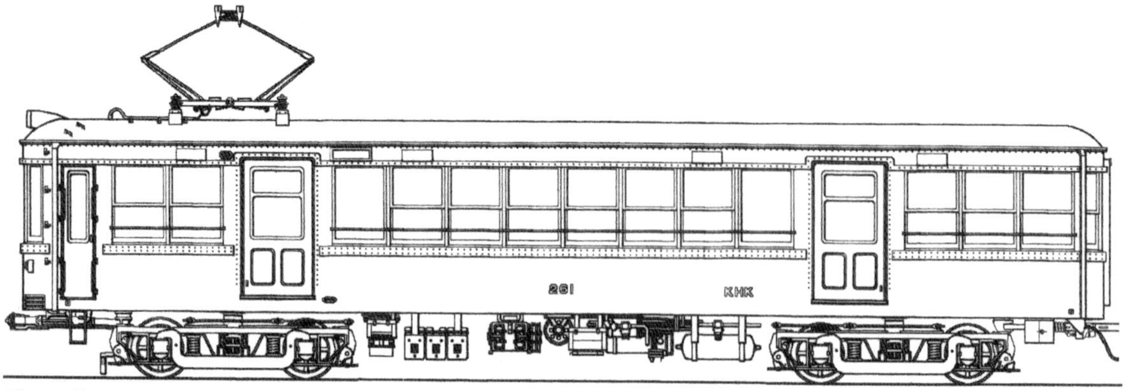

デハ230形 256 ～ 更新直後の形態

連結妻は棒連に変更されたが運転妻はK-2-Aのままで、全車に側面通風口が新設された。雨樋や縦樋が取付けられたが、側引戸上部の水切はなくなった。
作図：佐藤良介

690mm）から880mmに変更するのに備え、台枠端梁の改造を行った。さらにNCB-6連結器は機械的な連結機能のみのためK-2-Aに備わっていた19芯低圧回路の電気的接点と２本の空気回路を失うことから、新たに電気や空気の連結栓を新設しなければならないことになった。

このため台枠の端梁改造とともに車体全幅に及んでいたアンチクライマもざっくりと切り取られ、230形をはじめ京急の車輌の印象を大きく変えることになった。なお一斉交換までは現状のままとして、切り取られた台枠と車体外板は覆いを設けられた。連結妻はK-2-A密着連結器の胴を生かし取付け高さを740mmに変更して、ピンから連結器先端までを取り外しピンとピンを結ぶ長さ680mmの小型車専用の棒連結器に交換した。空港線（昭和38年11月１日穴守線より改称）では３輌編成で運行が行われており、運転妻と連結妻を連結するため貫通路には塞ぎ板が用意された。

３扉車のデハ290形・クハ350形は更新工事により、全車クハ280形に改造されることになった。戦災復旧車は定期的な検査の期間を短くして保守を行ってきたが、台枠や車体外板の疲労は隠せず、編成を組むデハ230形と比較しても差異が著しくなっていた。戦災復旧車とデワ10形の更新名義によるデハ290形およびクハ350形の３扉車は全車浦賀方に乗務員室を持つ

デハ235。更新時期は1963（昭和38）年度で、モデル車と異なり雨樋と縦樋が取付けられているが、側引戸上部の水切も設置されている。
1963.6.8　金沢検車区　P：福井紘一

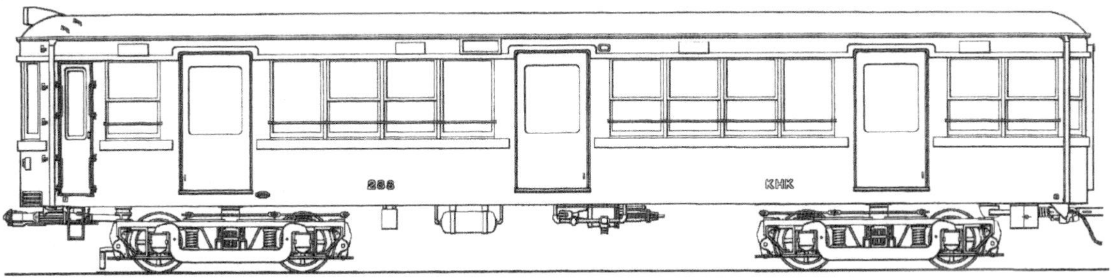

クハ280形
戦災復旧車クハ350形とそれを電装したデハ290A形は、更新とともに側引戸をステンレス製に交換した。　作図：佐藤良介

片運転台となっていたが、２扉車のデハ230形とMT２輛貫通編成が基本となるため、改番によりデハ230形と反対に奇数号車は品川方、偶数車は浦賀方に付番して反対側を乗務員室になるよう改造され、番号の末尾を揃えたMT２輛貫通編成とするようにした。この更新工事では車輛の方向転換は行われず車端部改造が実施され、車輛設備はデハ230形と同様に更新が行われた。

　また元湘南デ26形のデハ281～285号は電装解除を行い制御車に改造し、２扉のままクハ280形281～285号とする計画であったが、281・282・284号は暫定的に電動車のままで残った。電装解除したデハ290A形291～294号とデハ290B形295・296号は番号に変更なくクハ291～296号となり、クハ350形は355～359号が286～290号と穴埋めに、あふれた360・361号が297・298号に変更された。いずれも偶数番号車は浦賀方制御車、奇数番号車は品川方制御車となった。

　更新後は片側全室乗務員室として２輛貫通固定編成化し、デハ230形２輛MM編成とクハ280形との２輛MT編成を基本と計画していたが、更新工事が完了したばかりの1964(昭和39)年12月の時点で大師線の４輛編成運転が実現しておらず、空港線は３輛編成運行であった。またクハ140形はすでに10輛が廃車された

デハ292号は更新に際し電装解除されクハ292号となった。また同時にステンレス製ドアに変更になっている。
1964.1.18　金沢検車区　P：福井紘一

デハ235室内。照明は蛍光灯となり、扇風機が取付けられた。室内木部はニス塗りのまま残され、鋼製部分は黄土色に塗られた。
1963.6.8　金沢検車区　P：福井紘一

が半数の10輌が存在しており、230形と編成を組む必要性があるため、計画時の編成の一部を変更して暫定的な編成が組まれた。

デハ230形全車52輌のうち、231～260号は２輌MM固定編成として連結部は棒状連結器に変更された。261から265号は電装解除する281～285号とのMT編成固定編成とする計画であったが、前述の通り281・282・284は直ちに電装解除されず電動車として活躍を続けた。また261・262・281・282号は２輌固定編成とせず連結部をK-2-Aを残し編成替えの自由度をもたせ、263-283号と265-285号はMT固定編成、284-264号はMM固定編成という状態にあった。

266～277号はデハ290形やクハ350形から改造する３扉車のクハ280形と２輌編成として、１輌半端とな

クハ292の乗務員室仕切。　1964.1.18　金沢検車区　P：福井紘一

デハ273(左)とデハ261(右)の連結部分。高さの違うK-2-Aで連結されている。261の貫通路は塞いである。
1964.6.21　小島新田　P：柴橋達夫

デハ235正面。連結器部分の台枠切り欠き部分を塞いでいるのがよくわかる。　1963.6.8　金沢検車区　P：福井紘一

クハ292の正面。京浜デ102号として製造、東急デハ5172の際に戦災を受け復旧後クハ5352→京急クハ352を経てデハ292に、更新時に電装解除されクハ292とされた。
1964.1　金沢検車区　P：福井紘一

るクハ298号はMM編成に連結して随意３輌編成ができる予備的な車輌とした。

なおデハ230形の283・285号の電装解除により発生したMB-115AF主電動機は、デト20形電動貨車21・22号の出力増強(75kW→93.3kW)に転用した。デトは台車もMCB-Rから2HEに変更された。283号はMCB-R、285号は2HEとなってともにクハ280形となった。またデハ290形の291・296号の電装解除によって発生したMB-117A(75kW)はデト30形の増備車33・34号に転用されたほか、同様に2HE台車の転用も行われ、クハ280形の290号がTC1000、296号はMCB-R台車に交換された。デト21・22号の竣功届日は1965（昭和40）年１月30日、デト33・34号の竣功届日は1964(昭和39)年12月11日であった。

MCB-R台車を履いたデト20形22号。後に電装解除したデハ230形の主電動機に振り替えられ、出力増強が図られると同時に台車も2HEとされた。この時代、電動貨車は青１色の塗装であった。
1963.6.8　金沢検車区　P：福井紘一

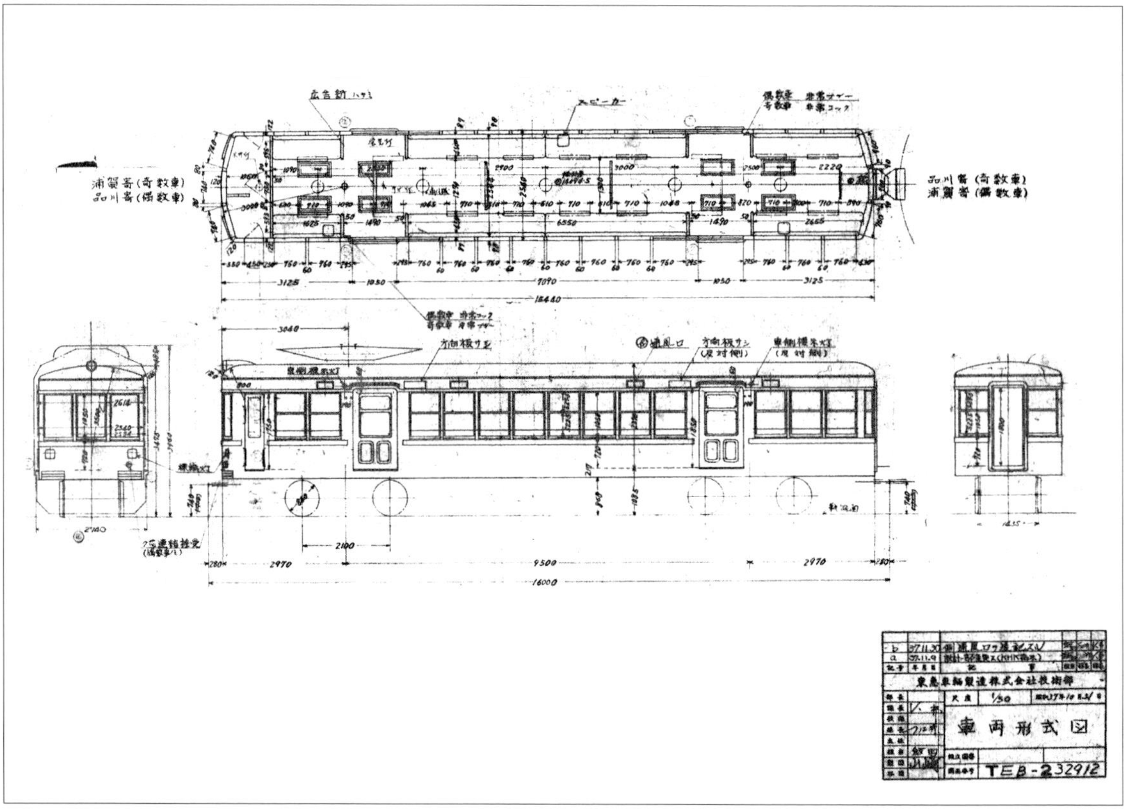

車輌形式図　デハ230形　　提供：京急電鉄

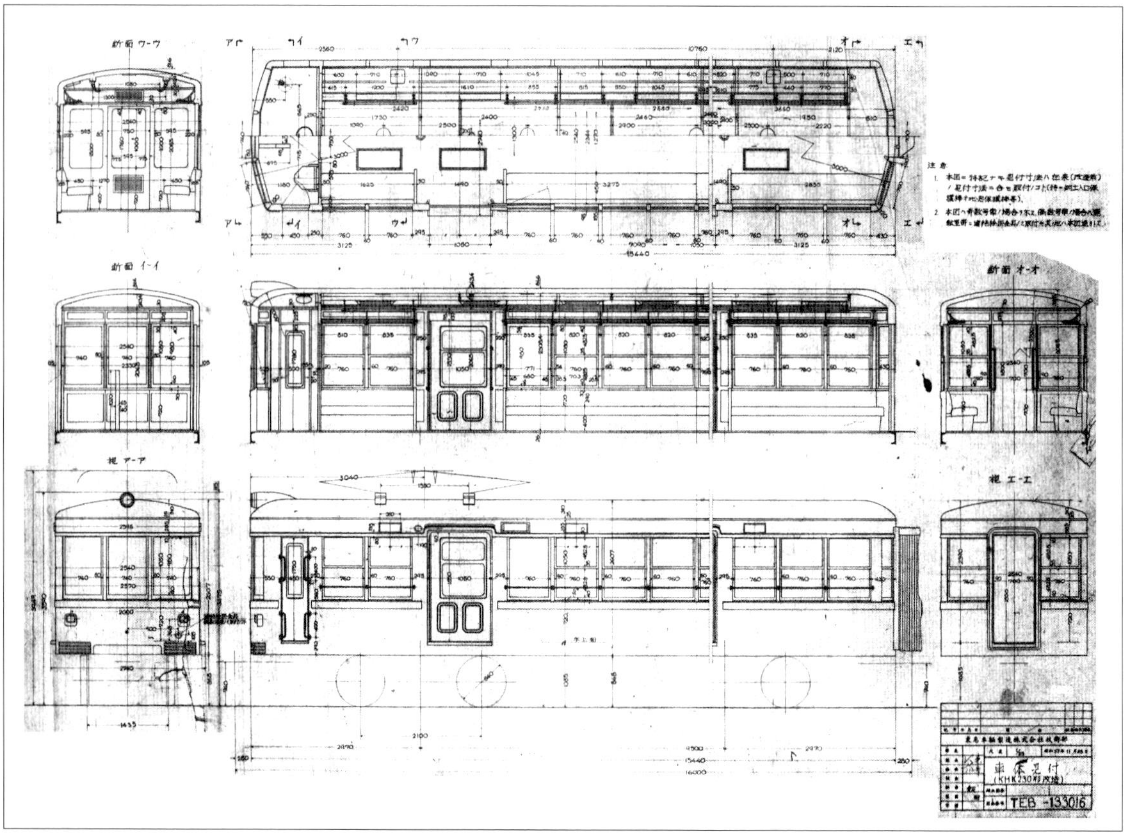

車体見付　デハ230形　　提供：京急電鉄

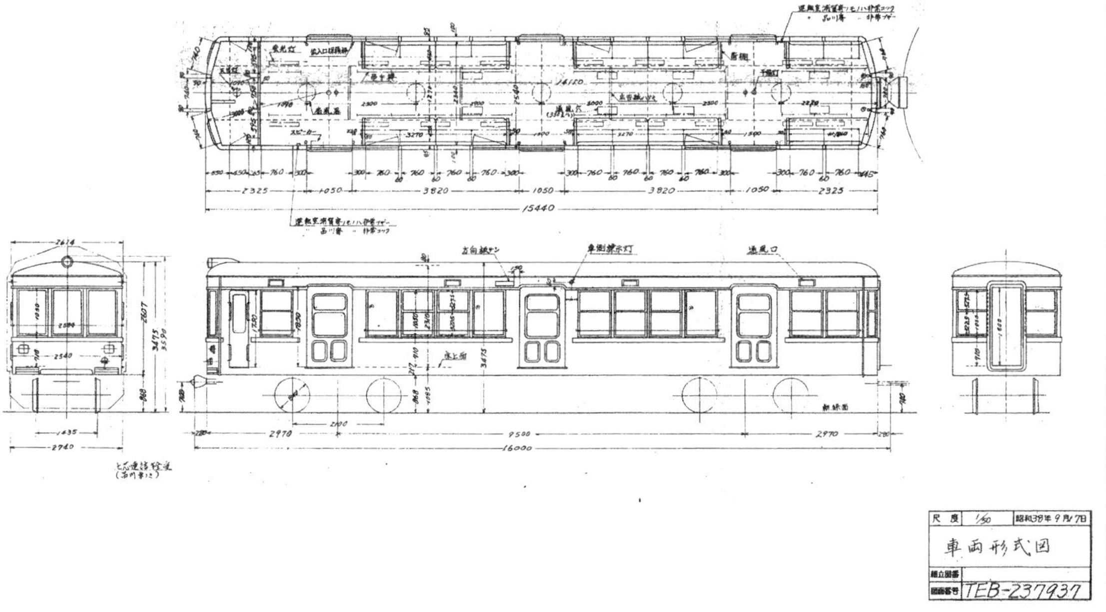

車輌形式図　デハ290A形（元デハ291～294・クハ355～358）　　提供：京急電鉄

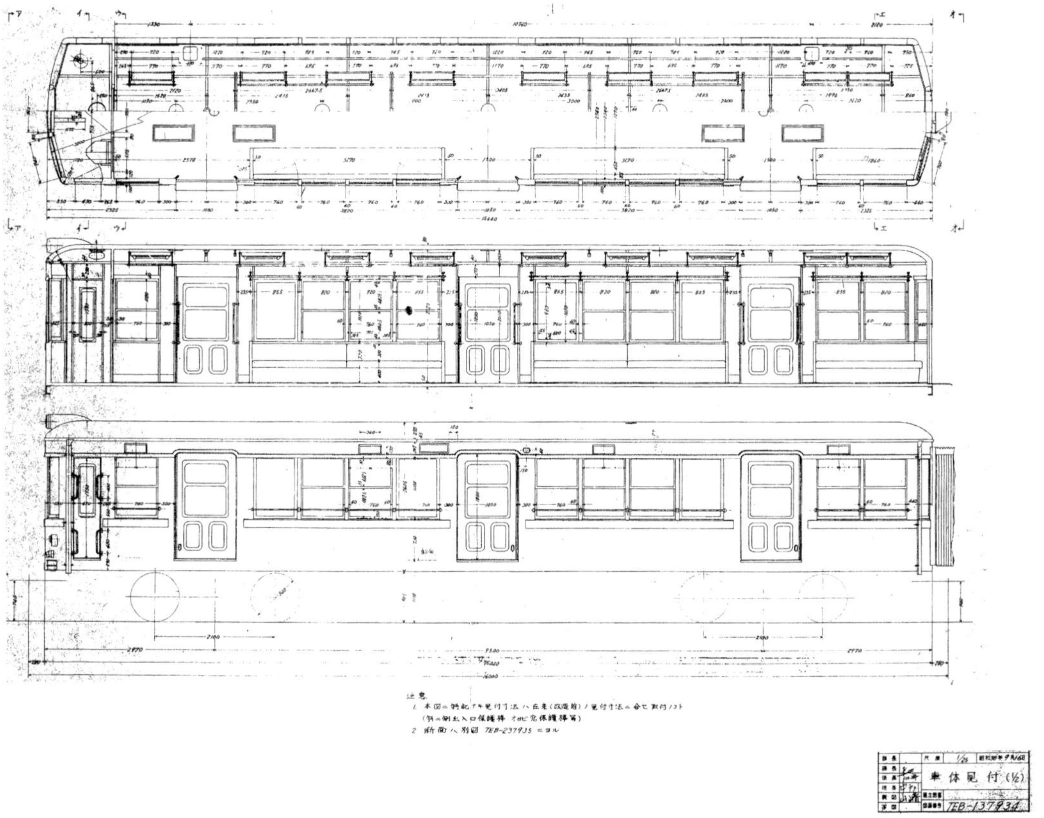

車体見付　クハ295・296（元デハ295～296）　　提供：京急電鉄

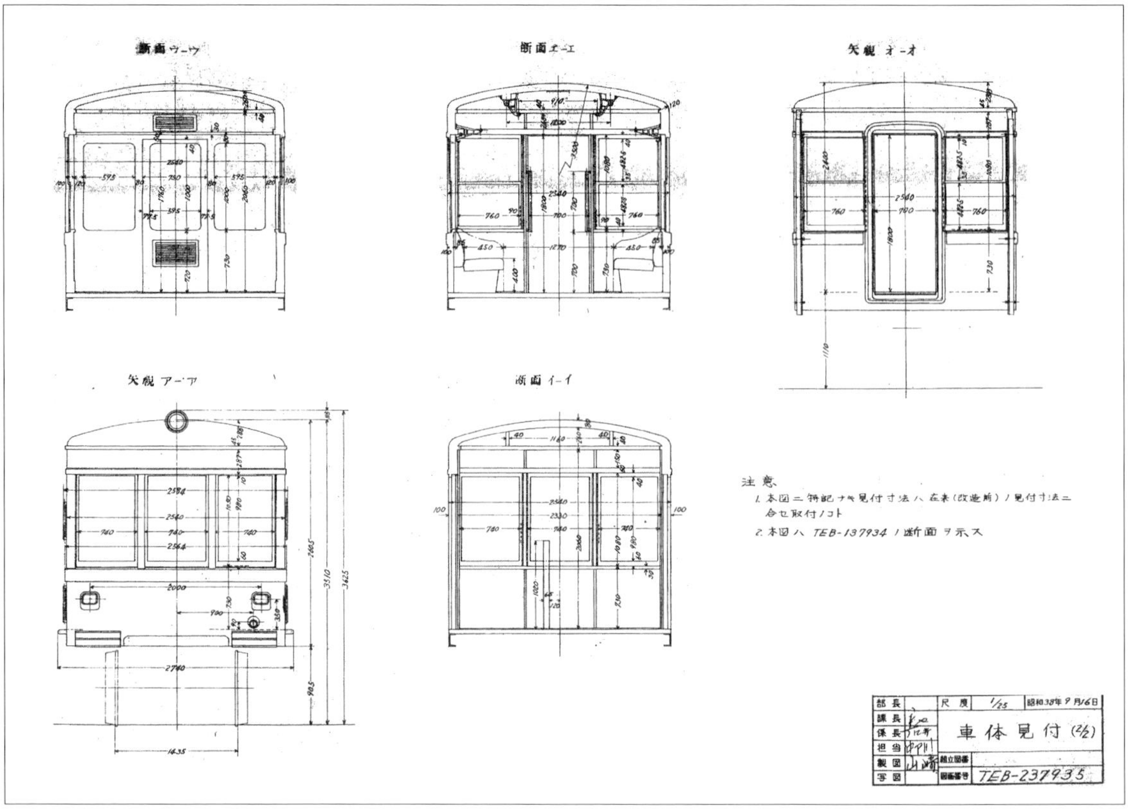

車体見付　クハ295・296

提供：京急電鉄

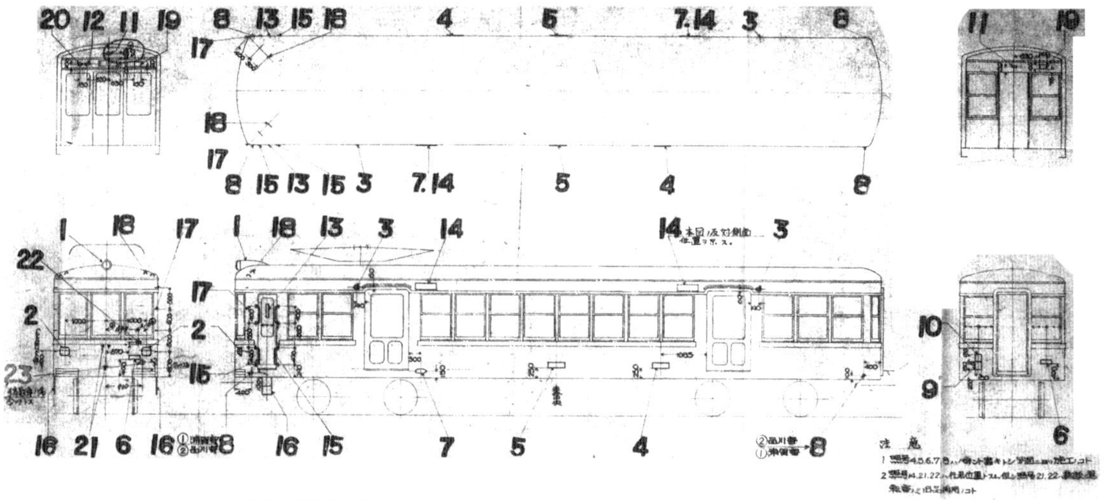

■標記位置凡例

1	前照灯キセ	9	定期検査標示板	17	足掛
2	標識灯キセ	10	形式自重定員標示板	18	屋根昇降用取手
3	車側表示灯	11	室内車輌番号	19	禁煙札
4	社名略号標記	12	室内改造銘板	20	製造所銘板
5	車輌番号	13	乗務員室標記文字	21	正面方向板掛
6	妻車輌番号	14	方向板挿	22	運行板掛
7	社銘標記	15	ツカミ棒	23	連結栓掛金具
8	車端票	16	乗務員用踏段		

標記位置（更新時のもの）

提供：京急電鉄

デハ230形231～255号

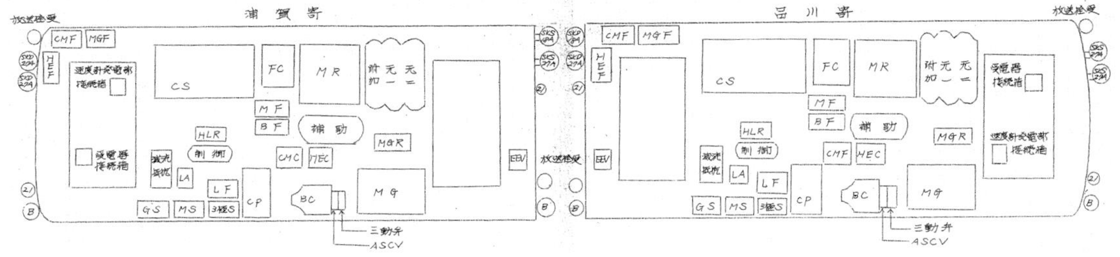

デハ230形256～277号

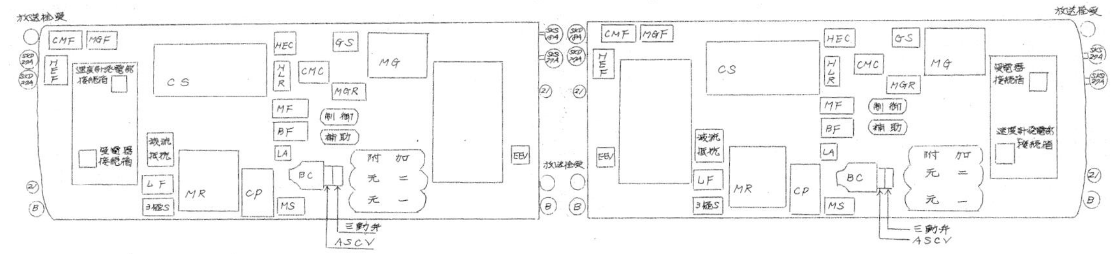

■床下機器記号対照表

ASCV	自停常用制動切替弁	CP	コンプレッサ	HLR	前照灯抵抗器
BC	ブレーキシリンダ	CS	主制御器	LA	避雷器
BF	ブスヒユーズ	EEV	非常電磁吐出弁	LF	総括ヒューズ
CMC	コンプレッサ接触器	FC	界磁接触器	MF	メインヒューズ
CMF	コンプレッサヒューズ	GS	接地開閉器	MGS	電動発電機スイッチ
		HEC	ヒータ接触器	MS	メインスイッチ
		HEF	ヒータヒューズ	MR	主抵抗器

床下機器配置図　デハ230形（ATS設置後）　　提供：京急電鉄

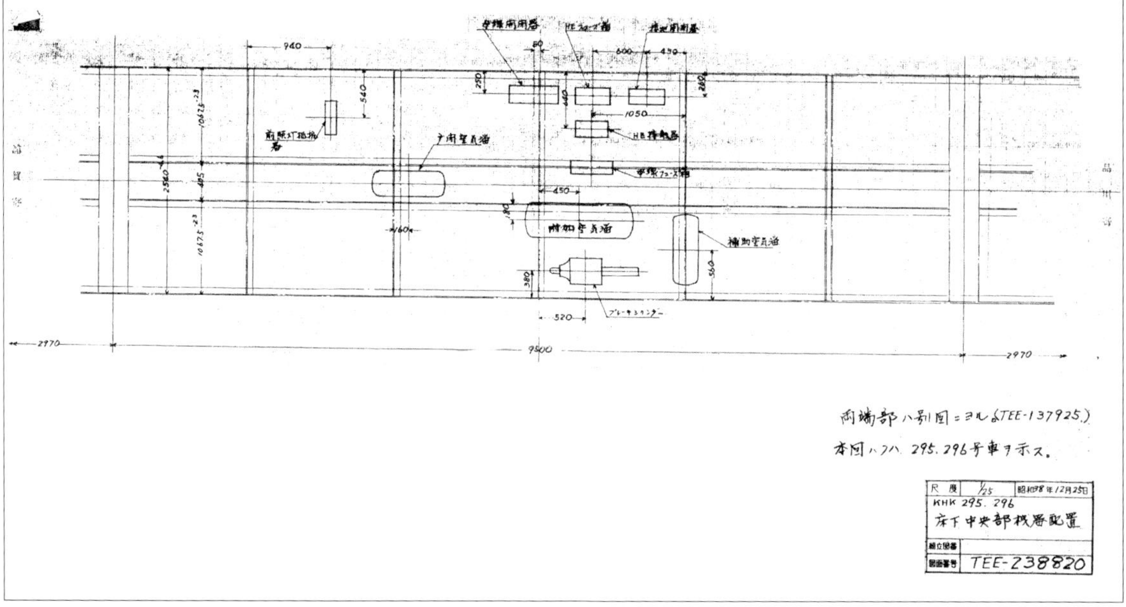

床下中央部機器配置　クハ295・296　　提供：京急電鉄

編成表1　230形更新工事以後の編成計画と更新直後の編成

車輛更新後の計画編成

Muc		Msc
231	−	232
233	−	234
235	−	236
237	−	238
239	−	240
241	−	242
243	−	244
245	−	246
247	−	248
249	−	250
251	−	252
253	−	254
255	−	256
257	−	258
259	−	260

Muc		Tsc
261	−	281
263	−	283
265	−	285
267	−	289
269	−	287
271	−	291
273	−	293
275	−	295
277	−	297

Tuc		Msc
282	−	262
284	−	264
286	−	266
288	−	268
290	−	270
292	−	272
294	−	274
296	−	276
298		

更新直後の編成
1964(昭39) .12.16現在

Muc		Msc	
231	−	232	(文)
233	−	234	(文)
235	−	236	(文)
237	−	238	(文)
239	−	240	(文)
241	−	242	(文)
243	−	244	(文)
245	−	246	(文)
247	−	248	(新)
249	−	250	(新)
251	−	252	(新)
253	−	254	(新)
255	−	256	(新)
257	−	258	(文)
259	−	260	(新)
261			(新)
		263	(新)
		281	(新)
282			(新)
284	+	264	(新)

Muc		Tsc	
263	+	283	(文)
265	−	285	(新)
267	−	289	(新)
269	−	287	(新)
271	−	291	(文)
273	−	293	(文)
275	−	295	(文)
277	−	297	(文)

Tuc		Msc	
286	−	266	(新)
288	−	268	(新)
290	−	270	(新)
292	−	272	(文)
294	−	274	(文)
296	−	276	(文)
298			(新)

Tuc	Tsc	
151		(新)
152		(新)
153		(新)
154		(新)
155		(新)
	156	(新)
	157	(新)
	158	(新)
	159	(新)
	160	(新)

この時点でクハ140形が10輛在籍していた

Muc: 浦賀方乗務員室電動車　　Msc: 品川方乗務員室電動車
Tuc: 浦賀方乗務員室制御車　　Tsc: 品川方乗務員室制御車
(新)　新町検車区所属　　(文)　金沢検車区所属

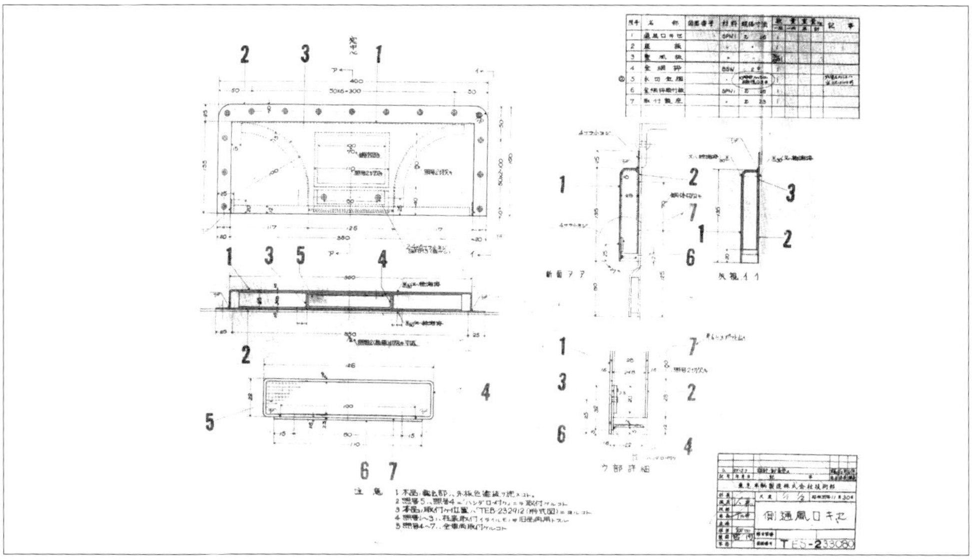

側通風ロキセ
提供：京急電鉄

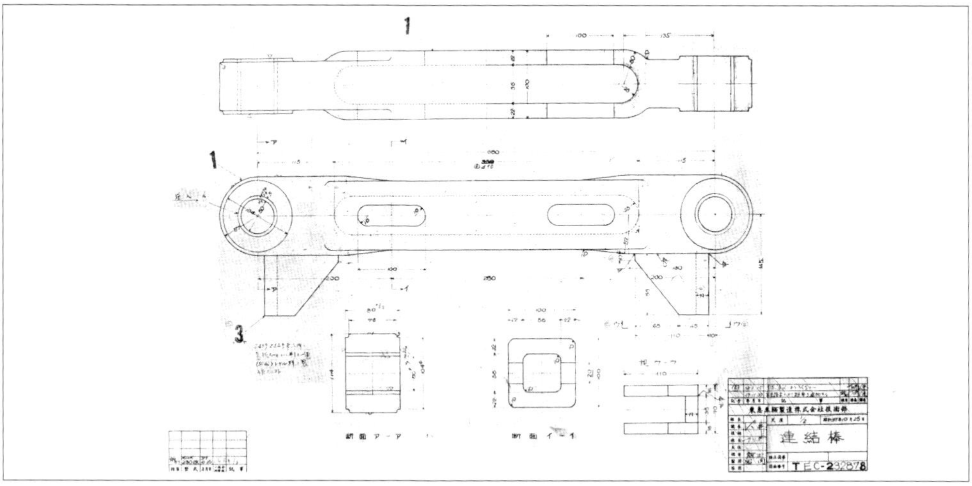

連結棒
（中間連結器）
提供：京急電鉄

デハ272号は更新に際しクハ292号とMT編成を組んだ。後期更新車で、クハはステンレス製ドアに交換されているが、デハは鋼製プレスドアのままである。
1964.1.18　金沢検車区　P：福井紘一

クハ140形も末期は赤に白帯塗装に変更され、デハ230形と連結されて運転された。
1964.7.26　大鳥居―糀谷
P：柴橋達夫

3）塗装の変更

赤黄の塗装で残されていた小型車であったが、この車輛更新施工車から赤に白帯の塗装となり、残存していたクハ140形も赤に白帯に変更して京急旅客車輛の塗装が統一された。なおこれら小型車の白帯はウインドシルの幅として大型車の150mmより狭く100mm（京急ミュージアムの236号は実測105mm）となっている。これは大型車のデハ300形やデハ420形などが白帯をウインドシル幅にこだわらず150mmとしたのに対して、小型車では150mmとすると視覚的に太く見え車体の短さが強調されることに対する配慮ではないかと思われる。なお一部の車輛は定期検査入場の都合により更新工事施工前に白帯塗装に変更された車輛もあり、更新車と未更新車や塗り替えを先に行った未更新車などとの混色編成がこの期間見られた。

未更新車デハ268と更新車クハ296-デハ276の３輌編成大師線列車。　1964.2.26　川崎大師―東門前　P：柴橋達夫

開業間もない野比(現：YRP野比)駅。日中は230形２輌編成による京浜久里浜～野比間20分間隔運転の長閑な運行であった。
1964.11　野比　P：石渡良夫

2. 小型車の運用

1) 久里浜線の延長

1963(昭和38)年11月１日、久里浜線の京浜久里浜(現：京急久里浜)～野比間が単線で延長開業、同日に久里浜工場が開場した。また湘南久里浜を京浜久里浜に変更したように駅名冠称の「湘南」がすべて「京浜」に改められ、湘南電鉄の名残がまた一つ消えることになった。当初は新規開業区間の京浜久里浜～野比間には朝の特急が数本本線直通特急で運転されるものの日中閑散時はデハ230形２輌編成による20分間隔の折返し区間運転が行われた。その後、久里浜線の輸送量は急増、本線浦賀行と久里浜線の特急の本数も逆転。1966(昭和41)年３月の津久井浜までの開業に続き、同年７月の三浦海岸の開業で完全に久里浜線が主役の座に就いた。当然230形の運行も姿を消していた。

2) 大師線のダルマ急行

大師線の年末年始恒例「ダルマ急行」は引続き運行されていたが、1963(昭和38)年の大晦日からはダ

大師線から本線品川方面へ乗り入れるダルマ急行は、オール電動車編成が基本であった。
1970.1.2　鈴木町―川崎大師
P：柴橋達夫

国鉄塩浜操車場の建設に伴い、大師線の小島新田～塩浜間はこの翌月に休止(→後に廃止)された。
1964.2.27　小島新田―塩浜
P：柴橋達夫

ルマの方向板は赤地に白ダルマから白地に赤ダルマに変更となった。

1964(昭和39) 年３月15日には国鉄塩浜操車場の建設により大師線がその構内を横断することになるため、小島新田駅を京浜川崎(現：京急川崎) 寄りに300m移転してその先塩浜までを事実上廃止とする営業休止になった。

都心直通運転関連工事は品川駅の着工に続き、京浜川崎駅付近の高架化工事が本格化して1965(昭和40) 年１月に１回目、３月に２回目、８月に３回目の線路切り替えが行われ、大師線ホームは地上に残るため仮線への切り替え、上下本線の仮線や車庫線の切り替えが行われ、大師線は川崎駅構内が単線となった。また同年秋には京浜蒲田(現：京急蒲田)駅や鮫洲駅の改良工事も始まり、本線京浜間の列車運行が厳しい状況となった。そこで1965(昭和40) 年秋のダイヤ改正から本線普通列車の基本編成と運転曲線を大型車輌の再編成による性能向上により運転時分の短縮が行われて対処している。大師線ではホームが１本となるなどの対応に加えて1965(昭和40) 年７月からラッシュ時の小型車４輌編成運転が開始され、日中は分割を行い２輌編成運転とした。また本線と大師線が分断されたの

線内運用と品川直通の「ダルマ急行」が行き交う川崎大師初詣輸送。
1968.1.1　川崎大師　P：柴橋達夫

京浜川崎駅の高架化工事が完成、地上に残った大師線との連絡線が復帰したため、一時中断していた年始の「ダルマ急行」の運行が再開された。
1967.1　京浜川崎　P：吉村光夫

で、大晦日の終夜運転からの年末年始ダイヤでは品川直通の「ダルマ急行」が運転中止となり、初詣ピーク時の大師線内は３分30秒間隔運転を行った。

これまで主に本線系統運用として金沢検車区に、また空港・大師線の運用として新町検車区に分散配備されていた小型車デハ230形とクハ280形は、1966（昭和41）年３月までに全車新町検車区所属となった。同年12月には京浜川崎駅の高架化工事が完成、大師線ホームも３面２線の70mに延長され、前年中止された大晦日の終夜運転や年始の「ダルマ急行」が復活した。

新装なった京浜川崎駅大師線ホームに停車するクハ283号とデハ230形の２輛編成。
1966.12.4　京浜川崎　P：堀江光雄

正月の川崎大師駅の賑わい。京浜川崎行の普通列車と品川行の急行列車とで乗車口を分けて乗客を整理していた。 1968.1　川崎大師　P：吉村光夫

待避設備が使用開始された鮫洲駅に入線する、230形２輛編成による品川発羽田空港行普通列車。　1966.7　鮫洲　P：吉村光夫

3）空港線直通運転

１号線直通運転に向けて鮫洲駅で進められていた列車待避設備と京浜蒲田駅の改良工事は、1966（昭和41）年７月久里浜線三浦海岸延長開業と同時に工事全体は完成してはいなかったが一部使用開始が可能となったため、それを利用して空港線内の230形の２輛ないし３輛編成列車による日中の普通列車を品川まで延長運転した。１号線の相互直通運転について東京都は羽田空港への乗り入れを希望していたが、京浜蒲田の構内配線、蒲田付近の急曲線や空港線各駅の設備が小型車３輛編成対応などの現状から、京急の事情で京浜川崎折り返しということに決着している。空港線の230形による品川直通普通列車は相互直通運転の開始とともに廃止された。

本線から空港線に入る品川からの直通列車。230形の中間にクハ280形を挟んだ３輛編成。
1966.7　京浜蒲田
P：吉村光夫

空港線用３輌編成を使用した競輪臨時急行列車神奈川新町行。
1970.8.9　花月園前ー生麦
P：下藤直之

4）大型700（Ⅱ）形の登場

1967(昭和42)年から都営地下鉄１号線直通車輌の1000(Ⅰ)形とともに、大型で収容力が優り高性能で自社線内専用の４扉ロングシート車700(Ⅱ)形の製造が開始されたことから、本線運用に残る230形は支線の増強に当てられ、大師線のラッシュ時４輌編成・空港線の３輌編成運転と運転間隔の短縮などに向けられることになった。こうして本線での活躍は急速に減少していったが、花月園での競輪開催による臨時急行運転などに駆り出されることもあった。

本線では珍しくなった230形による本線仕業。230形オール電動車編成による普通列車浦賀行。　1970.5.4　弘明寺ー上大岡　P：柴橋達夫

この夏も、三浦海岸
社員募集
集配運転手 五名
男女事務員 二名
夏のおどり

夏季休日の金沢八景駅上りホーム。逗子線内折返し普通列車の230形240号が停車中。三浦海岸への延伸以降、海水浴輸送の主力はすっかりそちらへ移行した。
1973.7.22　金沢八景　P：佐藤良介

海水浴輸送のピーク時に助っ人として運転された230形６輌編成による海水浴特急。横浜～京浜久里浜間に運転された。
1971. 8.1　上大岡―屏風浦　P：下藤直之

5）海水浴輸送の援軍

久里浜線の延長は野比からさらに南下、1966(昭和41)年３月に津久井浜、同年７月には下浦海岸の上宮田に到達したが、京急では上宮田を三浦海岸と命名して、一大キャンペーンを張った。このため、これまで逗子海岸で国鉄横須賀線としのぎを削った海水浴輸送は久里浜線にシフト、空前の海水浴輸送を展開した。さらに1968(昭和43)年の１号線相互直通運転の開始により、これまで品川で乗り換えてやってきた都民にとって直通で行ける三浦海岸が脚光を浴び、さらなる旅客増加となった。このため休日は運用の少ない空港線・大師線のデハ230形まで駆出し、金沢八景の折返しに東急車輌製造へ続く線路を折返し待機線として使用した金沢八景～逗子海岸間の逗子線ローカルに当てられた。これにより大型車輌を最大限海水浴列車に振り向けた。さらに最多混雑時間には横浜～京浜久里浜間に海水浴特急を増発運転、この運用にはデハ230形オールM車による６輌編成も充当された。当時は冷房車輌の登場前、全開の窓からはみ出した腕が並んでいたのが印象的であった。京急が総力戦で挑んだ海水浴輸送の全盛期であった。

午後の出庫に備えて待機する海水浴特急。高性能車600(II)形と230形。
1969.8　久里浜工場信号所　P：佐藤良介

大師線では日中閑散時に４輌編成を分割して２輌編成で運行される時、クハ280形が先頭に立つことがあった。
1969.12.2　港町―京浜川崎　P：下藤直之

6）大師線全列車４輌編成運転化

大師線は日中閑散時に２輌編成運用が存在したが、1969(昭和44) 年９月には全列車４輌編成運転となり、それに伴いクハ280形を編成の中間に封じ込め、２輌固定編成の浦賀方が電動車のMT編成と品川方が電動車のTM編成とを２本連結したMTTMの４輌編成とすることにした。これは完全な固定編成ではなくて中間の先頭車輌は棒状連結器に変更せず、NCB-6のままとして容易に編成を解くことができる柔軟性を持たせている。この措置のため車輌需要は流動的で、292・258号などは一時的に休車扱いとして久里浜工場への留置も見られた。

また1970(昭和45) 年５月の261号の事故以降一時的に制御車としていた238・255・258・260号は電動車に復帰、一方近代化時に制御車となるはずであったデハ281・282号はクハ280形を経ることなく直接サハ280形となり、全車付随車改造が終了した1970(昭和45) 年10月、大師線運用の230形は2M2T編成から3M1T編成に変更となった。

1971(昭和46) 年、六郷川橋梁の架け替え工事にともなって大師線と本線を結ぶ連絡線と分岐器が使用中

デハで残っていた282号。連結妻の標記はデハ280形になっている。また、偶数車なのに浦賀方が運転妻となっている。この後クハになることなくサハ化されている。　1970.6　金沢文庫　P：佐藤良介

３扉のクハ280形２輌を中間に連結し４輌編成とした大師線列車。 1971.1.17 港町—京浜川崎 P：柴橋達夫

止となり、大師線用車輌の点検は京浜川崎駅構内の新町検車区川崎班によって行われ、大晦日から年始の品川～大師線直通急行列車は中止となった。1972(昭和47)年大晦日終夜運転では復活したものの、翌年には再び取り止めとなり、加えてこの年は東京都が終夜運転を直前になって中止するという異常事態もあり、その後終夜運転が縮小に向かった。これにより年末年始の「ダルマ急行」は消滅し、通常方向板による大師線折返し運転に終始した。1977(昭和52)年には方向板掛けのない大型車の導入により、品川直通運転は復活しなかったものの、方向幕では川崎～小島新田表示となるため、初詣の時期のみ訪れる旅客に向け年末年始運行に補助的に川崎大師の表示の入ったダルマ絵柄の方向板が復活した。1980(昭和55)年の酉年から絵柄をダルマから干支に変更した方向板が掲げられるようになり、大師線の風物詩となった。

小島新田を発車した3M1T４輌編成の大師線列車。右に分岐するのは塩浜操車場に向かう1,067mm軌道。
1973.2.11 小島新田 P：佐藤良介

編成表2 大師線230形編成を2M2Tから3M1T編成へ組み替え

231 − 232
233 − 234
235 − 236
237 − 238
239 − 240
241 − 242
243 − 244
245 − 246
247 − 248

253 + 298 − 254
255 − 289 + 256
257 + 296 − 276
273 − 293 + 258
267 − 287 + 262
269 + 288 − 268

259 − 281 + 282 − 260
263 − 283 + 290 − 270
265 − 285 + 286 − 266
271 − 291 + 284 − 264
275 − 295 + 294 − 274
277 − 297 + 292 − 272

貨車牽引

249 + チ61 − チ62 + 250
251 + チ63 − チ64 + 252

↓

1972(昭和47)年2月現在の編成

空港線

243 − 244
253 + 298 − 254
255 − 289 + 256
257 + 296 − 276
273 − 293 + 258
267 − 287 + 262
269 + 288 − 268

大師線

259 − 281 + 241 − 242
263 − 283 + 233 − 234
275 − 295 + 245 − 246
277 − 297 + 239 − 240
231 − 232 + 286 − 266
235 − 236 + 282 − 260
237 − 238 + 290 − 270
247 − 248 + 292 − 272
271 − 264 + 294 − 274

貨車牽引

249 + チ61 − チ62 + 250
251 + チ63 − チ64 + 252

265 − 285 予備車
284 291 休車

大師線は2M2Tから3M1T編成による運用に替わり、そのまま230形の引退まで変わらなかった。
1973.2.11 産業道路—東門前 P：佐藤良介

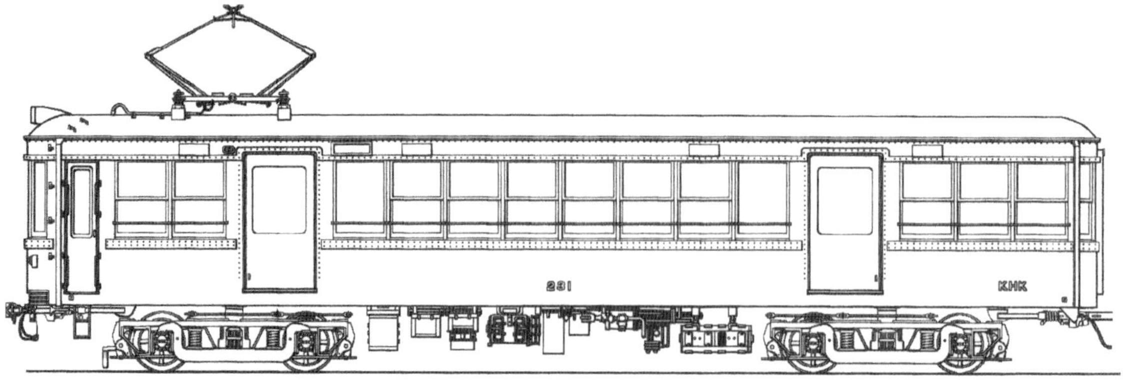

デハ230形 231 ～ 255
連結器の交換以降は車体標記位置の変更、台車の軸箱改造、パンタグラフ舟体のPT42・43系への交換、側引戸のステンレス化などが進められた。
作図：佐藤良介

3. 更新工事以降の改造工事

1）連結器一斉交換

更新工事で実施された連結器交換の準備工事も整ったため、他形式車ともに1965(昭和40) 年３月20・21日に一斉交換が行われた。作業工程の関係で運転妻は従来のK-2-A連結器の胴を利用して暫定的にNCB-6連結器の頭部とピンで結び、取付け高さをレール面上880mmに変更した。大型車はNCB-6を暫定的なものとして、その後本設のNCB-Ⅱへの交換が行われたが、小型車は空港線で３輌編成運転が行われ連結妻と運転妻を連結する状況にあり、編成替えが流動的なこともあって一部の車輌ではK-2-A連結器が残され、K-2-Aの胴を残したNCB-6のままとしてK-2-Aの胴をピンとピンを結ぶ230形独特の棒連結器との交換を可能として互換性を持たせた。

また運転士の操作による特徴的な左右単独と左右一斉の３点ドアスイッチドア開閉スイッチも、1967(昭和42) 年５月16日以降に１号線規格による一般的な車掌スイッチが使用開始されたことにより廃止された。

パンタグラフはPS13改の本体が残され、舟体のみがなびきばねの付いたPT43系に変更されているデハ260号。
1976.9.5　新町検車区　P：佐藤良介

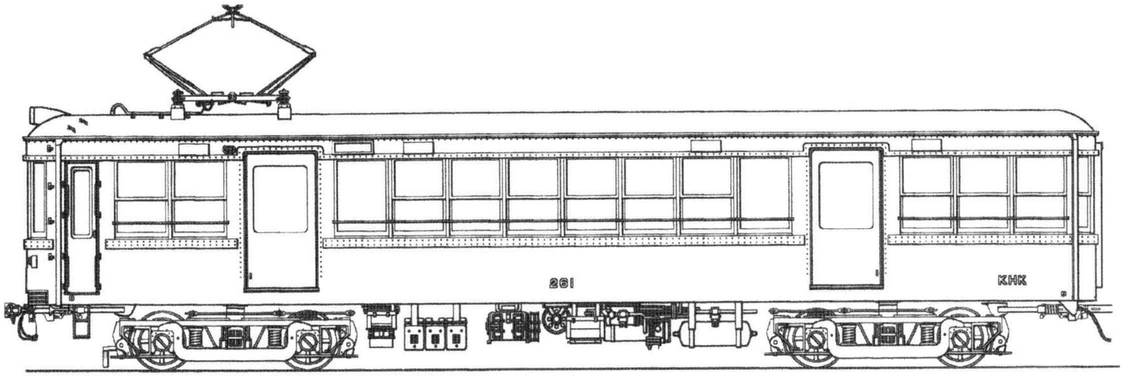

デハ230形 256～
連結器の交換後、256以降のデハ230形とクハ280形の2HEやTC1000台車の軸受はR.C.C化が行われた。　作図：佐藤良介

2） 外部標記位置の変更

車号など車体外部標記類の位置は更新直後では従来通りとなっていたが、同時期1000(I)形などの固定編成の長編成化が進むなかで標記位置の変更が始められていた。これは一斉に行われたのではなく、小型車の230形は1967(昭和42)年から翌年にかけて行われた。運転妻の車号標記は向かって右側から左側に、側面の車号は２扉車では側引戸間の中央に、３扉車では海側は浦賀方の第一ドアと第二ドアの中央に、山側は第二ドアと第三ドアの中央にいずれも向かって左側の扉間に移動した。また社名略称のKHKはそれぞれ連結妻寄り車端に移動、浦賀方先頭車輌は海側、品川方先頭車輌は山側１ヶ所に集約され、ペンキ書きから金属製切抜き文字に変更となった。一方で連結妻面の車号標記は廃止された。

2HE台車の軸受けがRCC化され、一体圧延車輪に交換されているデハ274号。　1975.4.13　新町検車区　P：佐藤良介

3） 台車の改造

1966(昭和41)年から1969(昭和44)年にかけて、平軸受車輌のコロ軸受化改造の一環として元湘南デ１形のMCB-R台車を除き2HE台車およびTC1000台車の軸受改造が実施され、密閉複列円筒コロ軸受(RCC)化が行われた。なお231～255号のSKF製球面コロ軸受けの軸受は日本製鋼所(NSK)製の複列円筒コロ軸受に交換された。また釣合梁(イコライザー)は経年により補修する必要が一部に生じ、形状が若干異なるものが見られた。中には従来のスポーク車輪から一体圧延車輪に交換した車輌も見受けられた。

チ60形牽引に使用されていたデハ230形。デハ250-チ62-チ61-デハ249。
1969.1.19　金沢文庫
P：堀江光雄

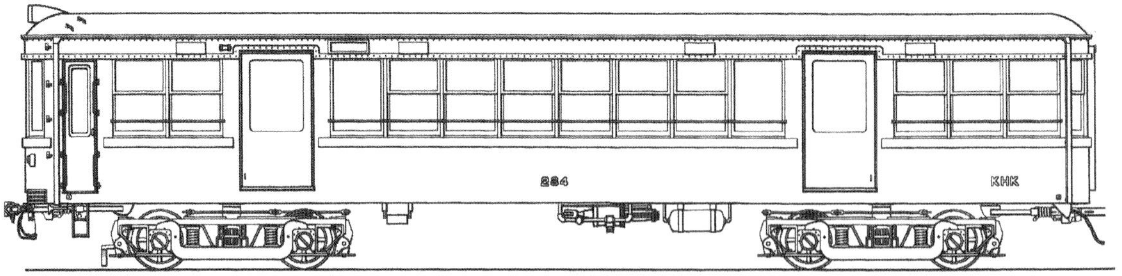

クハ280形 283～285
２扉車のままでクハとなったデハ230形の電装解除車。電動車と異なり制御車は偶数番号車が浦賀方に乗務員室が設置された。連結器の交換と高さ変更、台車の軸受改造、側引戸のステンレス化などが行われた後の姿。
作図：佐藤良介

4）貨車の牽引

老朽化していた２軸レール運搬車ト80形の代替として、２軸ボギー車チ60形が1968（昭和43）年12月に２輌（61・62）、1969（昭和44）年10月に２輌（63・64）の合計４輌が新造（２軸貨車の改造名義）され、それぞれ２輌を固定した状態として、230形２輌固定編成を分割した中間にチ60形２輌を挟み込む編成となった。このため貨車と連結する側の連結器は棒連からNCB-6自動連結器に変更された。チ60形の連結器取付け高さはチ60形同士の中間部は880mm、両端部は740mmとした。またデハ230形との連結にあたり12芯連結栓を19芯に改造した。チ60形は４輌とも新町検車区所属で249-61-62-250と251-62-63-252の編成に組まれた。その後230形の淘汰により牽引車輌の変更が行われ、最終的には大型車に交代した。

K-2-A連結器の胴を使用して先端をNCB-6形自動連結器に交換した230形。連結器下部に取付けたものはATS試験の受信装置。
提供：京急電鉄

5）ATSの設置

列車運行の高密度化により列車の追突事故を始めとした重大事故が国鉄や私鉄で多発したことから、運輸省の通達により京急でも都心直通運転を契機にATSの装備が進められ、当初は相互乗り入れ区間から、1970（昭和45）年には全区間に及び、デハ230形も全車装備となった。デハ230形のATS設置工事は1969（昭和44）年度から1970（昭和45）年度前半にかけて施工され、同時期に放送装置がトランジスタ化されたほか、窓枠に取付けられていたワイパーが400形と同形のWP-50に更新され、窓枠から車体に取付け位置が変更となった。側引戸は他形式車と同様に、内側をヘアライン仕上げとしたステンレス製に交換が行われた。1966（昭和41）年から大型吊掛け駆動車の空気ブレーキ装置を８輌編成運転に対応するため、ブレーキの応答性を高める電磁自動ブレーキ（AMME-R）への改造が行われたが、230形などの小型車については見送られAMM-Rのままとされた。なお1972（昭和47）年、制動弁は従来のM-24-CからハンドＤル抵抗を半減するなどの改良を加えたM-26-Cに更新した。

6）集電装置

集電装置は本来のC2、C5、PT12から戦中PT12が全滅、戦後はNT、PS13改からPT35

デハ247号の屋上に仮設された誘導無線装置。
1967.9　提供：京急電鉄

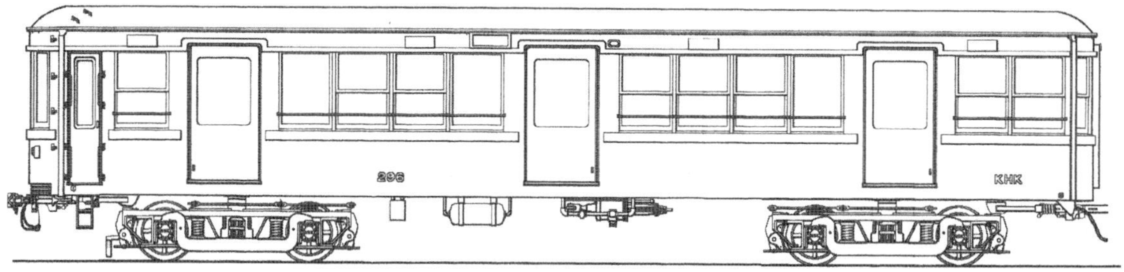

サハ280形 296号
デハ290B形からの改造車で、アンチクライマの刃は3枚、車高が若干高いなどの特徴を残し、台車はMCB-Rに交換されていた。
作図：佐藤良介

などの各種が流入した。更新後はそっくり電磁鈎外しとなびきばねを備えたPT42やPT43系に交換されるものも生じたが、中には２列の集電舟体を渡し材で結合して一体化し、案内管を取付けた特徴のあるPT43系の舟体のみを交換したものあり、最終的にオリジナル形式の形態を残すものは皆無となった。

7）装備されなかった誘導無線装置

１号線直通運転開始時にATSとともに保安設備として大地帰路式誘導無線装置(IR)が装備され、直通運転開始から乗り入れ区間で運用が開始された。車上装置としての送受信のアンテナは小型車デハ230形を除き装備することになり、本線・逗子線・久里浜線では1974(昭和49)年２月までに運用を開始した。空港線・大師線では230形の全廃とともに運用を開始した。このように小型車には誘導無線は設置されなかったが、デハ230形を使用して誘導無線の現車試験が行われている。なお230形の淘汰が本格化した時期から整備が始まった戸閉保安装置の取付けも見送られた。

8）付随車サハ280形への改造

制御車クハ280形については、付随車サハ280形への改造を行った。デハ230形の中間に挟み込み先頭車輌を極力電動車とすることと、中間車化することによりATS装置設置を不要とする一石二鳥の工事であった。乗務員室はクハ350形とデハ290形時代に全室化が行われ、デハ230形からの編入車も近代化更新工事の際に全室化が行われていたが、付随車化に際し運転機器のバッテリースイッチを残したため、乗務員室撤去の後に一昔前の片隅式運転室のような仕切りを新設した。乗務員室開き戸は固定したが内外とも埋めるまでの工事は行われず、外観上は前照灯の撤去にとどまり、室内も座席の新設が行われていない。

空港線の３輌編成には一部連結妻と運転妻にK-2-Aが残っていたが、クハ280形のサハ280形改造に伴い、完全に編成内に取込まれるため、NCB-6や棒連結器への交換が行われた。

サハ289号(左)とデハ256号の連結面。サハは屋上の前照灯が撤去されている。両車の連結には棒連結器が使用されている。
1973.12　新町検車区　P：佐藤良介

サハの撤去された乗務員室跡には座席は新設されず、バッテリースイッチなどが残されたため新たに仕切が設置された。写真はサハ287号。
1973.2.11　羽田空港　P：佐藤良介

本線では珍しくなった230形が品川駅で顔を揃える。左は更新モデル車輌であった243号だが、その後の改造により差異は見当たらない。
1970.4　品川　P：下藤直之

4. 230形の廃車

1）本線運用からの撤退

4扉ロングシート車の二代目700形の増備によって、昭和40年代中期には本線運用から空港線や大師線などの支線運用にその活躍の場は徐々に狭められたが、元京浜電鉄の軌道車輌であるクハ140形以降は廃車が発生せず、1号線直通運転開始以降も輸送力を担ってきた。

その一方で一向に改善されない大都市圏鉄道の混雑緩和に、これまでの輸送力増強を目指した車輌増備から私鉄各社は冷房装置付車輌の導入が始められ、いわゆる量から質への転換期を迎えた。これにより40年を超えた車齢と、収容力も小さい230形の淘汰が現実的なものになった。

230形最初の廃車は事故によるものであった。1970(昭和45)年5月10日日曜日の朝、空港線が第一京浜国道(15号線)を横断する京浜蒲田空港線第一踏切を横浜方面から進行してきたダンプトラックが信号無視により遮断中の踏切に進入し261号の側面に衝突、同年9月10日付けで廃車となり解体された。

翌1971(昭和46)年度の新造車は京急初の冷房車輌となった1000(Ⅰ)形と最終増備となった700(Ⅱ)形(非冷房車)が製造され、夏季ダイヤ改正で本線運用は230形による急行2運用が400形に置換えられ、普通運用1往復と荷電運用のみとなった。その一方支線運用は空港線・大師線ともに1運用増強された。なお休日は空港線・大師線の運用数が少ないので海水浴輸送のピーク時に横浜～京浜久里浜間の6輌編成海水浴特急や逗子線ローカル運用が残された。

本格的な廃車は1000形冷房車の第二陣1972(昭和47)年度新造車の出場によって始められ、1972年11月30日にトップナンバーの231号を含めてデハ230形3輌とサハ280形3輌の6輌が廃車となった。デハ230形トップナンバーの231号が廃車されたことで、1965(昭和40)年に廃車され解体されず保管されていたクハ140形のトップナンバーの141号とともに保存する意図があったと思われたが、予想に反してあえなく解体されてしまった。その他の車輌では、貨車の牽引車となっていた251・252号に引導が渡された。サハ280形の廃車は戦災復旧車の3輌で、車体中央部に垂下など疲弊が見られていた286・291・297号であった。貨車牽引のデハ230形は編成替えにより243・244号が受け持つことになった。

230形２輌編成による荷物電車。晩年期は大型の400形に交代されていた。　屏風浦―上大岡　P：柴橋達夫

引続き、平日朝ラッシュ時12輌編成運転開始の準備として1973（昭和48）年度車1000形４輌固定編成７本の増備と代替えにデハ230形の８輌が廃車となった。しかし新造車の完成はオイルショックの影響によりに製造工程が遅れ、竣功したのは1974（昭和49）年４月となり、廃車の実施は４月30日で、内訳はデハ230形６輌とサハ280形２輌であった。デハ230形の６輌はすべて元湘南デ１形で、サハ280形の２輌はやはり老朽化の著しい戦災復旧車の３扉車であった。これにより230形の運用は大師線と空港線の支線運用に狭められたが、車輌数に余裕があったため、貨車の牽引などの運用は引き続き残された。

京急では手荷物、小荷物扱いを行っていたものの専用の車輌は保有せず、旅客車輌を荷物電車として全室または一部を仕切り運行されて、主として長らくデハ230形で単車または繁忙期は２輌で運転されていたが、やがて大型車の400形に代わられ、扱い駅の集約などの合理化が進められたものの、1973（昭和48）年９月に関連の運送会社に委託となり廃止された。

ダンプカーの体当たりを食らったデハ261号。デトに牽引されて穴守稲荷駅の引上線に留置された。デハ230形で最初の廃車となった。
1970.5.10　穴守稲荷―羽田空港　P：下藤直之

編成表3　1972(昭和47)年度新造車輌に伴なう編成替え

空港線

253+298−254
255−289+256
257+296−276
267+287+262
269+288−268
273−293+259

貨車牽引

249＋チ61－チ62＋250
251＋チ63－チ64＋252

大師線

231−232+294−274
233−234+292−272
235−236+282−260
237−238+290−270
277−297+239−240
259−281+241−242
263−283+247−248
271−264+284−266

↓

昭和47年度1000形新造車の代替廃車にともなう編成替え

231−232+294−274
277−297+239−240
265−285

↓

265−232+294−274
277−285+239−240
231−297

275−295
245−246

↓

275−295+245−246

243−244
249−250+251−252

↓

243−244+249−250
251−252

↓

1972(昭47).11.30廃車

231　251　252　286　291　297

↓

1972(昭47).12.1現在の編成

空港線

253+298−254
255−289+256
257+296−276
267−287+262
269+288−268
273−293+258

貨車牽引

243＋チ61－チ62＋244
249＋チ63－チ64＋250

大師線

265−232+294−274
233−234+292−272
235−236+282−260
237−238+290−270
259−281+241−242
263−283+247−248
271−264+284−266
275−295+245−246
277−285+239−240

2) 空港線の大型車化

支線に残った小型車230形の全廃を目指す空港・大師線の支線運用の車輌大型化は、まず本線系統列車の高性能化による運転時分短縮のため1000形冷房新造車輌を投入、吊掛け駆動車の大型車400形、500形の支線運用投入による玉突きによって進められることになった。

日米安保改定、ベトナム反戦など騒然とした1960年代から70年代にかけて、空港線は要人の往来のある羽田空港を抱え火炎瓶や投石のデモに見舞われた。他社のような施設や車輌の焼き討ちなどは被らなかったが、バラストを投石に使われないようアスファルトで塗り固められた路盤の上を230形が走っていた。

本線運用が消滅した230形であったが、1973(昭和48)年９月のダイヤ改正で夜間空港線運用車輌の神奈川新町回送列車を京浜蒲田～神奈川新町間の営業列車で運転することになり、本線を230形３輌編成で運転されることになった。この列車は230形引退以降も他形式によって継続された。

1976(昭和51)年８月、空港線車輌を小型車230形３輌編成から大型車のデハ400(Ⅱ)形３輌編成に置換えることになり、各駅数メートルのホーム延伸が行われ８月１日から入線した。車輌大型化にあたりポスターの掲出、記念乗車券を発行して周知を図ったが、大型車デハ400(Ⅱ)形も旅客には代わり映えのしない旧型車輌にしか見えず、利用者から「どこが変わったんだ」と詰め寄られるひとコマもあった。加えて初日は400

編成表4　1973(昭和48)年度新造車輌による代替廃車

1974(昭和49).4.30廃車

232　233−234+292−242　253+298−254

↓

1974(昭和49).5.1現在の編成

空港線

255−289+256
257+296−276
265−295+274
267−287+262
269+288−268
273−293+258

貨車牽引

243＋チ61－チ62＋244
249＋チ63－チ64＋250

大師線

235−236+282−260
237−238+290−270
271−264+284−266
275−295+245−246
263−283+247−248
277−285+239−240
259−281+241−272

大型車400(Ⅱ)形が入線した空港線。230形と400形の併用が約１ヶ月間続いた。　1976.8　糀谷　P：佐藤良介

(Ⅱ)形の編成替えは２本しか完了しておらず、230形と混在したスタートで検査切れや状態のよくない廃車車輌の段階的な編成替えを行い捻出、車輌の置換えが完了したのは８月下旬となった。これによりデハ230形12輌とサハ280形の６輌の18輌が廃車となり、230形は４輌編成７本28輌と貨車牽引の４輌の32輌となって３輌編成はなくなった。

なお元京浜電鉄デ101形と京浜のデ71形・デ83形・湘南デ26形からの戦災復旧車クハ350形からの車輌は全廃となり、サハ280形は元京浜デ26形の２扉車と３扉の戦後生まれの295・296号のみとなった。

また廃車となったデハ245と258号の２輌は高松琴平電気鉄道(以下：琴電)へ譲渡が決まり、その後も譲渡が行われ最終的に７編成14輌が四国に渡り活躍した。

これにより空港線は400(Ⅱ)形４輌貫通編成２本と２輌貫通編成２本を３輌固定編成に組み替えた４本に置き換わったが、運用数に対して余裕がなく、検査による入場があると当時一部が３輌固定編成化されていた４扉車の700(Ⅱ)形が入線することもあった。

深夜に新町検車区へ回送する230形空港線車輌を神奈川新町行の本線旅客列車として運転していた。京浜蒲田駅構内の路盤はアスファルトで固められている。
1976.7.27　京浜蒲田
P：佐藤良介

編成表5　空港線大型車化に伴なう230形の編成替えと廃車

空港線	大師線	貨車牽引
255 − 289 + 256	235 − 236 + 282 − 260	243 + チ61 − チ62 + 244
257 + 296 − 276	237 − 238 + 290 − 270	249 + チ63 − チ64 + 250
265 + 294 − 274	271 − 264 + 284 − 266	
267 − 287 + 262	275 − 295 + 246 − 246	
269 + 288 − 264	263 − 283 + 247 − 248	
273 − 293 + 258	277 − 285 + 239 − 240	
	259 − 281 + 241 − 272	

↓

空港線大型車化に伴なう230形の廃車と編成替え

255 − 289 + 256
235 − 236　282 − 260
↓
255 − 289 + 260
235 − 236 + 282 − 256

257 + 296 − 276
275 − 295 + 245 − 246
↓
245 − 246 + 296
275 − 295 + 257 − 276

257 + 296 − 276
275 − 295 + 245 − 246
287
↓
245 − 287 + 246
275 − 295 + 257 − 276
296

277 − 285 + 239 − 240
265 + 294 − 274
↓
277 − 285 + 265 − 274
239 − 240 + 294（廃車）

267 + 287 − 262
243 − 244 + 249 − 250
↓
267 − 262 + 249 − 250
287
243 − 244（廃車）

259 − 281 + 241 − 272
273 − 293 + 258
↓
241 − 293 + 258
259 − 281 + 273 − 272

269 + 288 − 268
237 − 238 + 290 − 270
↓
269 − 268 + 288 − 270
237 − 238 + 290（廃車）

273 − 293 + 258
259 − 281 + 241 − 272
↓
241 − 293 + 258
259 − 281 + 273 − 272

237	238	290	昭51.7.31廃車
239	240	294	昭51.7.31廃車
243	244		昭51.7.31廃車

↓

空港線大型車化途中の1976（昭和51）年8月1日現在の230形編成

空港線	大師線	貨車牽引
241 − 293 + 258	235 − 236 + 282 − 256	269 + チ61 − チ62 + 268
245 − 287 + 246	269 − 268 + 288 − 270	249 + チ63 − チ64 + 250
255 − 289 + 260	271 − 264 + 284 − 266	
	259 − 281 + 273 − 272	
	263 − 283 + 247 − 248	
405 − 406 − 408	275 − 295 + 257 − 276	
411 − 407 − 412	277 − 285 + 265 − 274	
	267 − 262 + 249 − 250	

↓

241	293	258	昭51.8.20廃車	245	287	246	昭51.8.30廃車
288			昭51.8.20廃車	255	289	260	昭51.8.30廃車

↓

空港線大型化完了時（1976（昭和51）年9月1日現在）の230形編成

大型車化した空港線	大師線	貨車牽引
401 − 402 − 404	235 − 236 + 282 − 256	
405 − 406 − 408	267 − 262 + 296 − 270	
409 − 403 − 410	271 − 264 + 284 − 266	
411 − 407 − 412	259 − 281 + 273 − 272	
	263 − 283 + 247 − 248	269 + チ61 − チ62 + 268
	275 − 295 + 257 − 276	249 + チ63 − チ64 + 250
	277 − 285 + 265 − 274	

大師線大型車化の初日。460形4輌編成(MTTM)の入線により、230形はラッシュ時の運用となった。
1977.11.11　京浜川崎
P：佐藤良介

3）大師線の大型車化

空港線の大型車化の後、230形は大師線運用のみとなり、翌1977(昭和52)年の川崎大師で知られる平間寺の開創850年祭が行われる11月に合わせて大型車化が行われることになった。戦時中の大東急時代に開業した川崎大師以遠の軌道法適用区間を5月に地方鉄道に変更、京浜川崎～港町間の和合橋付近の曲線緩和、各駅のホーム延伸など大型車の入線準備が行われた。ところが269-268＋249-250の4輌編成が産業道路第一踏切で接触事故に遭遇、269-268が9月20日付で廃車となり、それに伴う予期せぬ編成替えが行われ、編成からあふれた265-274の2輌が予備車となり総数28輌となった。巻添えで廃車となった268号は鉄道模型メーカーの関水金属(カトー)に引き取られた。

230形の淘汰の最終段階となる大師線車輌の大型化は11月11日から年度末の翌年3月にかけて段階的に行われた。230形に代わる大型車は、400形のうち元600B・C車である460形4輌編成(MTTM)の4編成が導入され、230形は朝夕のラッシュ時出庫の運用のみとなった。230形は11月11日付けで12輌が廃車となり、4輌固定編成3本と予備車2輌の14輌、2輌固定2本の4輌は運用から外れ、一部の車輌は琴電への譲渡向け改造工事が久里浜工場で開始されている。明けて1978(昭和53)年の大師線年始輸送では全運用大型4扉車の500形運用として対応したため230形の出番はなかったが、車輌検査期限などから2月に編成替えが行われ、全電動車の4輌編成が1本生まれている。この編成は一般営業運行終了後、本線を「さよなら230形」列車として本線を走ることになった。年始輸送終了後もラッシュ時は230形が使用され大型車との混用が続いた。大師線営業運転最終日は1978(昭和53)年3月17日で、夕刻ラッシュ時の運用に入った1本が最終運用となった。京浜川崎発19時15分の1984列車で乗務員に花束贈呈が行われ、小島新田折り返しの1往復が定期列車の最終列車となった。

大師線の完全大型車化も迫り、230形が産業道路を横断するのもあとわずか。
1978.3.8　産業道路　P：田中利男

「さよなら230形」のヘッドマークを取付け運転されたお別れ列車。期間中４回運行の予定が人気により５回に増やされた。
1978.4.2　横浜―神奈川　P：佐藤良介

4）230形さよなら列車

1978（昭和53）年は京急創立80周年を迎えたこともあり、記念行事も数多く開催されその一環として昭和初期から活躍してきた230形の引退を記念した230形お別れ列車が271-264+257-276のオール電動車の４輌編成で営業運行終了後の３月21日・26日（団体貸切）、４月２日・９日の祝日や日曜日に品川～久里浜工場間を往復運転した。京急でも初めての大掛かりなお別れ列車で、予想以上の人気に４月16日にも追加運転される盛況ぶりであった。沿線も桜が咲き学校も春休みとあって多くの人が沿線に繰り出して、久々に本線を走る雄姿を見送った。

運転終了後は最後まで活躍した車輌の多くは休車として琴電への譲渡工事が着手され、その工事が完成した同年９月25日付けで廃車となり、京急からデハ230形など小型車の旅客車輌の車籍は消えた。湘南電鉄デ１形の艤装工事に実習生として従事、京浜電鉄に入社し京浜急行電鉄副社長となった日野原 保氏もデハ230形の引退を見届けるように退任した。

	品川	平和島	京浜川崎	子安	神奈川新町	横浜	上大岡	金沢文庫	金沢八景	堀ノ内	久里浜工場	京浜久里浜
881C	37^{30}	$29^{30}/26^{30}$	20^{30}		8：08							
880C	8：48	58\9：02	$10^{30}\backslash 11^{30}$	$21^{30}\backslash 24^{30}$	26	29	41^{30}	$52\backslash 52^{30}$	$54^{30}\backslash$10：05	22\25		31^{30}
1081C											10：40^{45}	38
1280C											12：49^{10}	52
1281C	14：41	30/25	$17^{30}/16^{30}$	$07^{20}/03^{10}$	14：02	58	48	39/29	27/21	13：05		58^{30}
1480C	48	58\15：03^{30}	$11\backslash 11^{30}$	$21^{30}\backslash 25^{45}$	15：27							

230形お別れ列車運転時刻。神奈川新町からの出入庫（881C・1480C）は回送。　提供：佐藤良介

編成表６　大師線大型化に伴なう230形の編成替えと廃車

昭和52.9.　269-268-249-250編成が大師線産業道路第一踏切道にて接触事故対応

269－268＋249－250
↓
269－268　昭52.9.20廃車
249－250
*268号は関水金属に譲渡

277－285＋265－274
249－250
↓
277－285＋249－250
265－274

269-268廃車後の230形編成

277－285＋249－250
259－281＋273－272
263－283＋247－248
267－262＋296－270
275－295＋257－276
235－236＋282－256
271－264＋284－266
265－274

大師線大型車導入に先がけての編成替え

277－285＋249　250
259－281＋273　272
↓
249－250
277－272
259－281＋273－285

265－274
267－262＋296－270
↓
265－270
267－262＋296－274

大師線大型車運行開始時の230形状況
昭和52(1977).11.11現在

271－264＋284－266
235－236＋282－256
275－295＋257－276

249－250　(予備)
265－270　(琴電改造)
277－272　(琴電改造)

259－281＋273－285　昭53.11.11 廃車
267－262＋296－274　昭53.11.11 廃車
263－283＋247－248　昭53.11.11 廃車

230形最終編成表

275－295＋249－250
271－264＋257－276
235－236＋282－256

昭53(1978).3.17　230形営業運行終了

昭53(1978).3.18 付　230形休車と廃車

235－236＋282－256
275－295＋249－250
284－266
→
235　256　275　266　休車
236　282　295　243　廃車
250　284

さよなら230形列車編成

271＋264　257＋276

昭53(1978).3月21.26日.4月2.9.16日に運行
昭53.4.17日休車

昭53(1978).9.15 琴電譲渡のための改造が完成したため除籍(廃車)扱い

235　256　257　264　266　271　275　276　廃車

琴電瓦町駅で非貫通前面の前期譲渡車31号と前面貫通化改造を行った後期譲渡車25号が顔を並べる。　1980.3.19　瓦町　P：新宮琢也

5. 譲渡車輌

1）高松琴平電気鉄道への譲渡

デハ230形が鉄道車輌として他社に譲渡されたのは四国香川県の琴電のみである。琴電へは1,435mm軌間であったこともあり戦後間もなくの木造車輌の譲渡に始まり、昭和30年代には京急最後の木造車クハ120形が譲渡されている(京急では600B・C形に更新したことになっている)。したがって約20年ぶりの琴電譲渡であった。

琴電１次譲渡車輌は空港線大型化による廃車車輌からで、搬出は75・76号として久里浜工場から新町検車区を経由して終電後、電動貨車で牽引して大師線産業道路駅構内まで回送され、味の素までの３線区間を利用して1,067mmの仮台車に履き替え国鉄塩浜操車場に回送、宇野まで甲種鉄道車輌輸送、航送で高松に搬入された。琴電に入線の後、30形として31・32号に変更された。２次車以降は久里浜工場から金沢八景の東急輌車輌製造(現：総合車輌製作所)に回送、仮台車に履き替えて逗子線で搬出、逗子からは甲種鉄道車輌輸送で以下１次譲渡車と同様の経路で搬入された。

琴電には数次にわたりMT２輌編成７本14輌が譲渡されたが、２次譲渡車輌以降は30形として増備、38号に達すると29-30・27-28・25-26号と繰下げ付番された。ブレーキ方式はSME-D、制御方式はHLに改造が行われ、台車も譲渡時に235・245号のMCB-Rを2HEに交換して琴電譲渡車は統一して搬入されたが、琴電では重量の関係で電動車は川崎製のBW-78-25Aに、制御車はブリル27-MCB-2Xに交換され、主電動機も48.5kWに交換となり他車に転用された。電装解除された車輌の畳んであった集電装置も撤去が行われている。

琴電30形は小型車運用の志度線と長尾線での活躍が続いたが、名古屋市交通局からの譲渡車の入線により1999(平成11)年から廃車が始まり、翌年には１編成を残すのみまで減少した。最後の27-28号は湘南電鉄デ１形がモデンと呼ばれて走り始めてから京浜・琴電と通算77年の喜寿を迎えた2007(平成19)年まで活躍し、デハ230形の旅客営業車輌としての歴史に幕を閉じた。

6. 保存・展示車輌

1）久里浜工場の原形復元車　湘南デ１号

復元車の車号は湘南デ１号としているが、種車はデハ248(湘南デ18)号である。車体内外のすべての機器類および天井板、内装板を取り外し屋根板、外板、床板(キーストン)などの腐食部分について補修が行われ、台車のMCB-RはオリジナルのSKFの軸受に戻された。屋根にはC-2形集電装置、塞流線輪(チョークコイル)、歩み板などを取付け、運転妻にはDC100V/200Wの前照灯とDC100V/20Wの尾灯、方向版掛けを取付けた。乗務員室の右側(車掌側)の出入口を塞ぎ、客室窓と座席を設けた。各窓柱にはバネ作用のある燐青銅の帯金を取付け、窓枠と窓カーテン(カーテンはオリジナル同様外側が黒色、内側は緑色のレザー製)は任意の高さで止められるようにした。窓の外側には保護棒を取付けた。床はキーストン張の上にコンベスを塗って仕上げられた。これら復元には一部の職員やOBが保管していた部品や灯具などは図面を基に新たに製作されたものもある。K-2-A連結器は1965(昭和40)年の一斉交換で姿を消したと思われがちだが、２輌固定で使用されていた２軸無蓋貨車のト80形の貨車間の連結器は交換されずに残っていた。この復元車完成とともに廃車になっている。

完成後は久里浜工場に保存車建屋が設けられ、同時に復元保存された京浜電鉄51号形と並べて保存された。また我が国初の１号形が履いていたボギー台車(ペックハム14-B-3)や湘南電鉄の軌道走行自転車も合わせて保存された。この車輌も保存から40年が経過しており、保存車輌の保存時への復元という更新時期が訪れている。何度か外板の塗り替えをはじめとした補修が行われているが、いつの間に京浜51号形とともに京浜・湘南の２輌がどっちつかずの同色に塗り替えられてしまい、違いがなくなってしまったこともあった。また51号形の方はあろうことか車外にある京浜電気鉄道の社紋の一枚がグラインダーのようなもので表面の一部が削られてしまい気をもんでいたが、塗装は京浜・湘南色に塗り分けられ、社紋も複製された。なお230形更新後交換されたSKF製ローラーベアリングの車軸受けは、その後久里浜工場構内の仮台車の軸受として長く使用されていたが、2015(平成27)年老朽化により処分された。

室内は製造時のボックスシートに戻され、吊手はリコ式に復元されている。
2010.7.2　久里浜工場
P：佐藤良介

復元保存された湘南デ１形１号だが、種車は元湘南電鉄デ18号のデハ248号である。工場敷地内にあるが、工場公開のイベントでは外観を見ることができる。
2010.7.2　久里浜工場
P：佐藤良介

横浜に移転された京急グループ本社に併設された京急ミュージアムのオープニングセレモニー。背後に今回引退時の姿で復元された236号が見える。
2020.1.21　京急ミュージアム
P：佐藤良介

2）京急ミュージアムの236号

「京急ミュージアム」に引退時の姿で展示される236号についてはいささか経緯が複雑で、京急創立80周年のイベントの一環として横浜のデパートで電車そのものを売りに出したところ個人が購入した。ところが自宅の庭に置くつもりが途中の道路事情もあって搬入が困難とわかり、久里浜工場に保管状態となり引き取り先を探した結果、1979(昭和54）年４月、川口市青木町公園に併設された市立児童文化センターへ譲渡となった。その後施設は川口市立科学館として移転リニューアルされたが、236号はそのまま青木町公園に展示されたままとなり、同所に展示されていた埼玉になじみのある9600形蒸気機関車には屋根が設けられていたのに対し、236号は屋根のない展示であったため荒廃が進み、青木町公園のリニューアルを期に処分方法を考えていたようであった。そこに京急電鉄が創立120周年に向け京急グループ本社機能を横浜みなとみらい地区に移転、その新社屋内にミュージアムを設ける構想が生まれ、引退当時の姿に復元して展示を行う目的で引き取られることになった。

2017(平成29）年５月に川口市から３日間かけて総合車両製作所に搬入された後復元工事が行われ、2019(令和元）年６月に工事が終了して建設中の新社屋に搬入された。ビルは９月に竣工式を迎え、11月の本社機能の移転が完了。2020(令和２）年１月21日、大師電気鉄道が運行を開始した日に京急ミュージアムはオープンとなった。

川口市青木町公園のデハ236号。このまま朽ち果てるかと思われた末期の惨状。　2017.4.22　青木町公園　P：佐藤良介

横浜市のノザワ松坂屋（後の横浜松坂屋、現在は閉店）で行われたイベントで230形が販売された際の告知ポスター。
1977年　P：佐藤良介

鉄道模型メーカー関水金属本社前(ホビーセンターカトー前)に置かれた268号。引退時の姿で状態よく保存されている。
2019.1.23　関水金属本社
P：佐藤良介

3) 鉄道模型メーカーカトーの268号

関水金属(カトー)に譲渡された268号は、大師線産業道路で事故に遭遇した編成にあって、直接の事故車ではなかったものの同時に廃車となった車輌で、久里浜工場で整備後夜間に神奈川新町まで回送、ここで台車と車体を分離して陸送搬出した。関水金属工場敷地内の駐車場に道床を作り、枕木の上に37kgレールを敷設して設置。3/8"の空気管を工場内から車輌の元空気溜に接続、乗務員室の正面腰板部にセレン整流器を設置して主回路、高圧補助回路以外の機器、各装置が動作するようにして引退当時の姿で保存した。会議室などに使用され、定期的に塗装も行われており手入れが行き届き、大切に保管されている。その後この場所にショールームとしてホビーセンターカトーが開設され、その玄関前となったことから常時外観を見ることができる。

4) 京急油壺マリンパークの249・250号

京急油壺マリンパークには２輌(249・250号)が展示された。249・250号は1978(昭和53)年４月13・14日にそれぞれ久里浜工場からトレーラーに牽引されて京急油壺マリンパーク内に搬入され、４月23日から公開された。木陰に置かれた２輌は廃車時の状態で展示され、マリンパーク号の愛称板を掲げられた。しかし乗降台が設けられ車内に自由に立ち入りもできたこともあり車内の破損も目立ち、海辺という潮風が当たる条件も重なって、何度か塗替えも行われたが10年後の1988(昭和63)年に解体されてしまった。

京急油壺マリンパークに保存されたデハ249号。250号とともに引退時の姿で保存されたが、惜しくも解体された
P：佐藤良介

デハ230形車歴表

旧車号			京急	改番		更新工事		廃車届日	備考
湘南京浜	大東急			昭和38年10月2日		車種	竣功届日		
湘南デ1	デハ5231		デハ231		デハ231	Muc	昭38. 9.17	昭47.11.30	
2	デハ5232		デハ232		デハ232	Msc	昭38. 9.17	昭49. 4.30	
3	デハ5233		デハ233		デハ233	Muc	昭38. 4. 9	昭49. 4.30	
4	デハ5234		デハ234		デハ234	Msc	昭38. 4. 9	昭49. 4.30	
5	デハ5235		デハ235		デハ235	Muc	昭38. 6.24	昭53. 9.25	琴電37
6	デハ5236		デハ236		デハ236	Msc	昭38. 6.24	昭53. 3.18	川口市→京急ミュージアム
7	デハ5237		デハ237		デハ237	Muc	昭38. 6.28	昭51. 7.30	
8	デハ5238		デハ238		デハ238	Msc	昭38. 6.28	昭51. 7.30	
9	デハ5239		デハ239		デハ239	Muc	昭38. 7.13	昭51. 7.30	
10	デハ5240		デハ240		デハ240	Msc	昭38. 7.13	昭51. 7.30	
11	デハ5241		デハ241		デハ241	Muc	昭38. 3. 9	昭51. 8.20	
12	デハ5242		デハ242		デハ242	Msc	昭38. 3. 9	昭49. 4.30	
13	デハ5243		デハ243		デハ243	Muc	昭38. 1.17	昭51. 7.30	
14	デハ5244		デハ244		デハ244	Msc	昭38. 1.17	昭51. 7.30	
15	デハ5245		デハ245		デハ245	Muc	昭38. 5.15	昭51. 8.30	琴電75→31
16	デハ5246		デハ246		デハ246	Msc	昭38. 5.15	昭51. 8.30	
17	デハ5247		デハ247		デハ247	Muc	昭38. 8. 8	昭52.11.11	
18	デハ5248		デハ248		デハ248	Msc	昭38. 8. 8	昭52.11.11	久里浜工場　復元デ1号
19	デハ5249		デハ249		デハ249	Muc	昭38. 4.25	昭53. 3.18	マリンパーク→解体
20	デハ5250		デハ250		デハ250	Msc	昭38. 4.25	昭53. 3.18	マリンパーク→解体
21	デハ5251		デハ251		デハ251	Muc	昭38. 3.20	昭47.11.30	
22	デハ5252		デハ252		デハ252	Msc	昭38. 3.20	昭47.11.30	
23	デハ5253		デハ253		デハ253	Muc	昭38. 9. 3	昭49. 4.30	
24	デハ5254		デハ254		デハ254	Msc	昭38. 9. 3	昭49. 4.30	
25	デハ5255		デハ255		デハ255	Muc	昭38. 3.30	昭51. 8.30	
京浜デ71	デハ5256		デハ256		デハ256	Msc	昭38. 3.30	昭53. 9.25	琴電38
72	デハ5257		デハ257		デハ257	Muc	昭38.11.15	昭53. 9.25	琴電27
73	デハ5258		デハ258		デハ258	Msc	昭38.11.15	昭51. 8.20	琴電76→32
74	デハ5259		デハ259		デハ259	Muc	昭39. 5.30	昭52.11.11	
75	デハ5260		デハ260		デハ260	Msc	昭39. 5.30	昭51. 8.30	
76	デハ5261		デハ261		デハ261	Muc	昭39. 4.25	昭45. 9.10	
77	デハ5262		デハ262		デハ262	Msc	昭39. 4.25	昭52.11.11	
78	デハ5263		デハ263		デハ263	Muc	昭38.10. 9	昭52.11.11	
79	デハ5264		デハ264		デハ264	Msc	昭39. 3.19	昭53. 9.25	琴電28
80	デハ5265	戦災→クハ5359			デハ265	Muc	昭39. 2.15	昭52. 9.20	琴電33
81	デハ5266		デハ266		デハ266	Msc	昭39. 9.10	昭53. 2.16	琴電30
82	デハ5267		デハ267	→デハ265	デハ267	Muc	昭39. 8.19	昭52. 9.20	
京浜デ83	デハ5268		デハ268		デハ268	Msc	昭39. 8.19	昭52. 9.20	関水金属（カトー）
84	デハ5269		デハ269		デハ269	Muc	昭38.11.30	昭52. 9.20	
85	デハ5270		デハ270		デハ270	Msc	昭39. 5.30	昭53. 9.25	琴電34
86	デハ5271		デハ271		デハ271	Muc	昭39. 8.19	昭53. 2.16	琴電25
87	デハ5272		デハ272		デハ272	Msc	昭39. 1.25	昭52.11.11	琴電36
88	デハ5273		デハ273		デハ273	Muc	昭39. 5.30	昭52.11.11	
89	デハ5274		デハ274		デハ274	Msc	昭39. 9.10	昭53. 9.25	
90	デハ5275		デハ275		デハ275	Muc	昭38.12.28	昭53. 9.25	琴電29
91	デハ5276		デハ276		デハ276	Msc	昭38.12.28	昭53. 4.17	琴電26
92	デハ5277		デハ277		デハ277	Muc	昭39. 3. 6	昭53. 2.16	琴電35
93	デハ5278		デハ278	→デハ267					
94	デハ5279	戦災→クハ5360							
湘南デ26	デハ5280		デハ280	→デハ282					
27	デハ5281		デハ281		デハ281				
28	デハ5282	戦災→クハ5361			デハ282				
29	デハ5283		デハ283		デハ283				
30	デハ5284		デハ284		デハ284				
31	デハ5285		デハ285		デハ285				

→クハ280形の欄へ

クハ280→サハ280形車歴表

改番				車輌更新			付随車化改造			廃車	備考	
昭38.10.2付											処理	廃車時台車
				デハ281	Msc	昭39. 4.25	サハ281	Ts	昭45.10.14	昭52.11.11	解体	2HE
デハ280	Msc	→	デハ282	デハ282	Muc	昭39. 4.25	サハ282	Tu	昭45.10.14	昭53. 3.18	解体	2HE
				クハ283	Tsc	昭39. 5.30	サハ283	Ts	昭45. 8. 7	昭52.11.11	解体	MCB-R
				デハ284	Muc	昭39. 3.19	サハ284	Tu	昭45. 8.28	昭53. 3.18	解体	2HE
				クハ285	Tsc	昭39. 2.15	サハ285	Ts	昭45. 9.11	昭52.11.11	解体	2HE
クハ355	Tuc	→	クハ286	クハ286	Tuc	昭39. 9.10	サハ286	Tu	昭45. 7. 6	昭47.11.30	解体	TC1000
356	Tuc	→	クハ287	クハ287	Tsc	昭38.11.30	サハ287	Ts	昭45. 4. 1	昭51. 8.30	解体	TC1000
367	Tuc	→	クハ288	クハ288	Tuc	昭39. 8.19	サハ288	Tu	昭45. 6. 6	昭51. 8.20	解体	2HE
358	Tuc	→	クハ289	クハ289	Tsc	昭39. 8.19	サハ289	Ts	昭45. 7.27	昭51. 8.30	解体	2HE
359	Tuc	→	クハ290	クハ290	Tuc	昭39. 5.10	サハ290	Tu	昭45. 4. 1	昭51. 7.30	解体	TC1000
デハ291	Muc	→		クハ291	Tsc	昭39. 8.19	サハ291	Ts	昭45. 7.27	昭47.11.30	解体	MCB-R
292	Muc	→		クハ292	Tuc	昭39. 1.25	サハ292	Tu	昭45. 7.27	昭49. 7.27	解体	2HE
293	Muc	→		クハ293	Tsc	昭39. 5.30	サハ293	Ts	昭45. 9.26	昭51. 8.20	解体	2HE
294	Muc	→		クハ294	Tuc	昭39. 9.10	サハ294	Tu	昭45. 4.28	昭51. 7.30	解体	2HE
295	Muc	→		クハ295	Tsc	昭38.12.28	サハ295	Ts	昭45. 4.28	昭53. 3.18	解体	2HE
296	Muc	→		クハ296	Tuc	昭38.12.18	サハ296	Tu	昭45. 4. 1	昭52.11.11	解体	MCB-R
クハ360	Tuc	→	クハ297	クハ297	Tsc	昭39. 3. 6	サハ297	Ts	昭45. 5.21	昭47.11.30	解体	TC1000
361	Tuc	→	クハ298	クハ298	Tuc	昭39. 9.10	サハ298	Tu	昭45. 9.12	昭49. 4.30	解体	TC1000

Muc：浦賀方先頭電動車
Msc：品川方先頭電動車
Tuc：浦賀方先頭制御車　Tc：浦賀方に乗務員室の痕跡を残す付随車
Tsc：品川方先頭制御車　Ts：品川方に乗務員室の痕跡を残す付随車

琴電譲渡車輌一覧

元番号	京急車号		京急廃車	琴電車号	正面	車種	竣功日	廃　車
湘南デ5		デハ235	昭53. 9.25	37	貫	Mc	昭54. 1.26	平11. 6.30
湘南デ15		デハ245	昭51. 8.30	75→31	非	Mc	昭52. 4.21	平12. 8.15
京浜デ71		デハ256	昭53. 9.25	38	貫	Tc	昭54. 1.26	平11. 6.30
京浜デ72		デハ257	昭53. 9.25	27	貫	Mc	昭54.12.26	平19. 7.14
京浜デ73		デハ258	昭51. 8.20	76→32	非	Tc	昭52. 4.21	平12. 8.15
京浜デ79		デハ264	昭53. 9.25	28	貫	Tc	昭54.12.26	平19. 7.14
京浜デ82	デハ267→	デハ265	昭52. 9.20	33	非	Mc	昭53. 3.23	平12. 8.15
京浜デ81		デハ266	昭53. 2.16	30	貫	Tc	昭54. 1.26	平12.11.30
京浜デ85		デハ270	昭53. 9.25	34	非	Tc	昭53. 3.23	平12. 8.15
京浜デ86		デハ271	昭53. 2.16	25	貫	Mc	昭55. 2. 1	平12.11.30
京浜デ87		デハ272	昭52.11.11	36	非	Tc	昭53. 5.11	平11.12. 5
京浜デ90		デハ275	昭53. 9.25	29	貫	Mc	昭54. 1.26	平12.11.30
京浜デ91		デハ276	昭53. 4.17	26	貫	Tc	昭55. 2. 1	平12.11.30
京浜デ92		デハ277	昭53. 2.16	35	非	Mc	昭53. 5.11	平11.12. 5

高松市内の春日川を渡る琴電志度線の25-26号。車輌規格の小さい志度線では30形が主力として活躍した。1982.3.13　元山—水田　P：新宮琢也

おわりに

2020(令和２)年１月21日横浜に拠点を移した京急グループ本社ビルの１階に「京急ミュージアム」が開館し、その中央に現役を引退した当時の姿でデハ236号が展示された。久里浜工場には誕生時の姿に復元したデ１号(デハ248号)がちょうどデハ236号が引退した同時期に復元保存展示が始まっていた。こうして２ヶ所でデハ230形の登場時と引退時の姿を見ることができることになり、実車とともに湘南デ１形からデハ230形として歩んできた時代に思いを馳せて本書をご覧いただければ幸いである。

本書は京急電鉄のご協力により写真、図面を得、特にミュージアム立ち上げのスタッフ方々による資料発掘の成果を提供していただき、これまで不確実であった事例を解明することができました。

また原鉄道模型博物館の所蔵する原 信太郎氏の撮影した戦後間もない頃のこれまで未公開の写真につきましては、当初交渉に当たられた館長代理の針谷氏がお亡くなりになり当惑しておりましたが同館の蓮岡氏に引き継がれ提供させていただくことができました。宮松金次郎氏の写真はOFFICE NATORIの名取紀之氏にお手を煩わせ紙面を飾ることができました。そしていつものように知古の方々の思い入れのこもった撮影された写真の提供をはじめ資料やお話を伺うことがいただき本書に深みを増したと確信しています。

こうした多くのご協力を賜ったものの充分にそれを生かし得たかというと、はなはだ心もとなく新事実がわかるとまた新たな疑問が生じ、これの繰り返しで未完として今後とも続くものと思われます。

佐藤良介

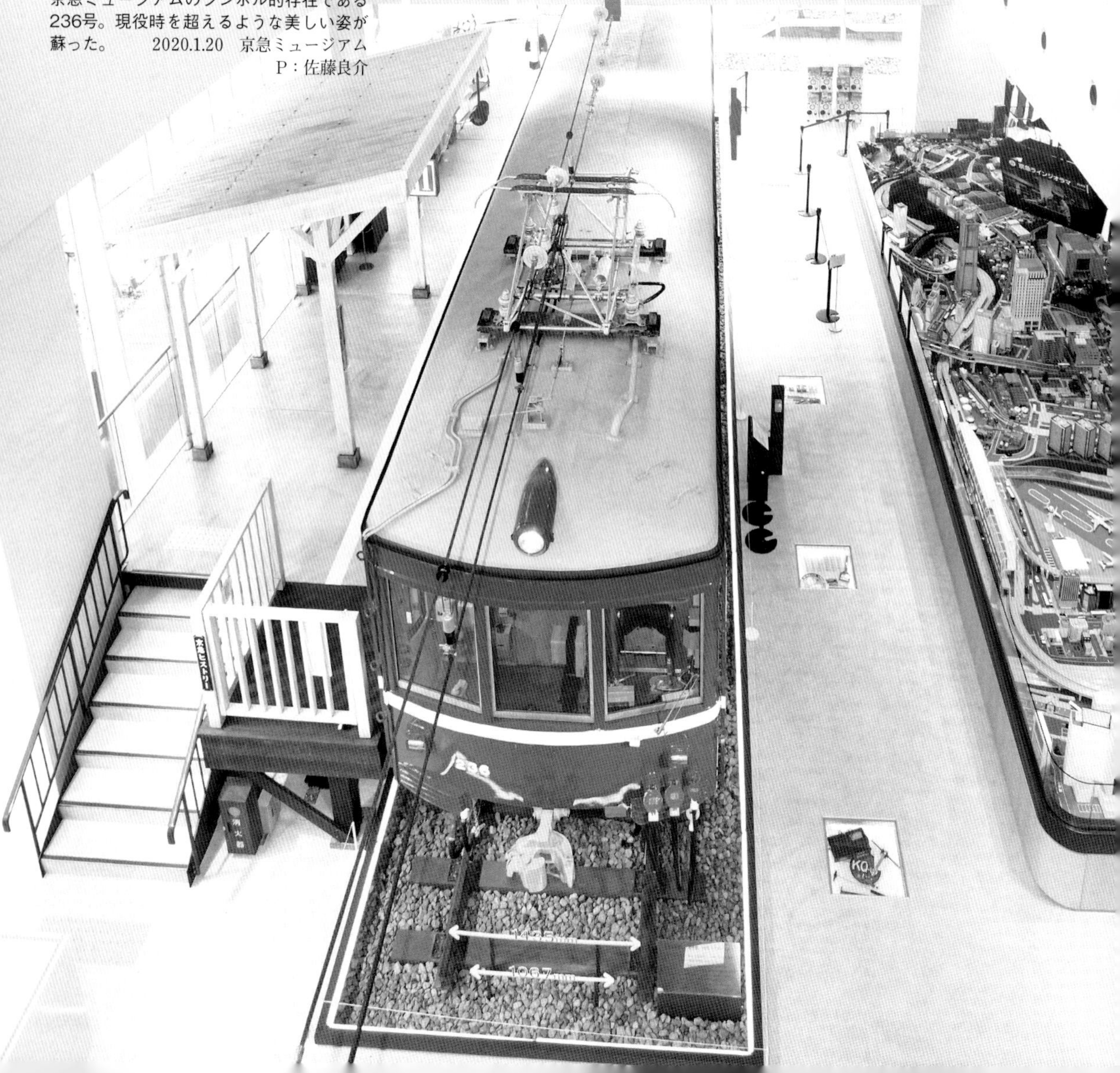

京急ミュージアムのシンボル的存在である236号。現役時を超えるような美しい姿が蘇った。　2020.1.20　京急ミュージアム　P：佐藤良介